别输在
情绪失控上

邓兮◎编著

中国纺织出版社

内 容 提 要

为什么你能力很强却总是不能得到机会，非常努力却常常功亏一篑？懂得很多道理却依然无法过好眼前的人生？其实，因为你总是输给失控的情绪。一个人如果管理不好情绪，就永远不可能让生命有高质量的飞跃。

本书用简单易懂的语言指导读者从多方面去认识自己的情绪，让受到情绪困扰的人们学会表达自己的情绪、掌控自己的情绪，让情绪不再失控，让心情阳光、心态积极，让以后的每一分努力都能有所收获，让人生从此快乐而充满希望。

图书在版编目（CIP）数据

别输在情绪失控上 / 邓兮编著.--北京：中国纺织出版社，2018.7
ISBN 978-7-5180-4962-2

Ⅰ.①别… Ⅱ.①邓… Ⅲ.①情绪—自我控制—通俗读物 Ⅳ.①B842.6-49

中国版本图书馆CIP数据核字（2018）第083297号

责任编辑：闫 星　　特约编辑：王佳新　　责任印制：储志伟

中国纺织出版社出版发行
地址：北京市朝阳区百子湾东里A407号楼　邮政编码：100124
销售电话：010-67004422　传真：010-87155801
http：//www.c-textilep.com
E-mail：faxing@c-textilep.com
中国纺织出版社天猫旗舰店
官方微博http://weibo.com/2119887771
北京通天印刷有限责任公司印刷　各地新华书店经销
2018年7月第1版第1次印刷
开本：710×1000　1/16　印张：13
字数：130千字　定价：36.80元

凡购本书，如有缺页、倒页、脱页，由本社图书营销中心调换

前　言

　　一个人如果能控制自己的情绪、欲望和恐惧，那他就能胜过过往。情绪就是心魔，你不控制它，它便会吞噬你。每个人都免不了遇到负面情绪，诸如生气、焦虑、忧郁，这些都是因为外在环境的变动与刺激，而诱发的主观感受。负面情绪的积累，往往会导致情绪失控，一个人如果不在平时有意识地控制自己的情绪，那么他在想要控制的时候也控制不住。

　　情绪失控是一个人自我防卫的一种机制，这既是一种心理现象，也是一种生理反应。当然，人的精神承受能力有一个极限，而这个极限往往会受生理条件，比如年龄、阅历等的影响。能够控制好自己的情绪，是一种能力。

　　一个人不可能永远处于积极情绪中，人生有苦难、挫折，生活中有烦恼、焦虑，它们会让人滋生消极情绪。一个人心理成熟，不是代表他没有消极情绪，而是他善于调节和控制自己的情绪。当负面情绪袭来的时候，人要慢慢学会调节和控制自己的情绪，这不是说要压抑自己的消极情绪，因为压抑情绪并不能完全改变消极情绪，反而会让它在内心深处积淀下来，在某一天彻底爆发。一旦消极情绪积累到一定程度，它往往会以破坏性的方式决堤，给自己和他人带来伤害。一些看起来平时脾气温和的人，有时会突然之间生气，甚至做出一些让人吃惊的行为来，这就是平时压抑负面情绪的结果。过分的压抑情绪，会造成更深的内心矛盾，更有甚者会导致心理疾病。

消极情绪不能压抑，也不能任性地爆发，那么唯一有效的方法就是有技巧地调节。一旦情绪涌过来的时候，及时给自己暗示和警告，美国情绪管理专家罗纳德博士认为，暴风雨般的愤怒持续时间往往不超过12秒钟，它在爆发时摧毁一切，但过后却风平浪静。当感觉负面情绪波动时，对自己说：克制，再克制！在心里默默从一数到十，这时往往需要几秒钟、几十秒钟，就会让内心的浮躁平静下来，这时再去处理问题，就不会做出冲动行为了。

生活中的情绪失控，往往是许多不如意的事情造成的。虽然往往不能一下子就找到造成消极情绪的原因，但令自己长时间处于消极情绪之中，不但不能解决问题，反而会让情况变得更糟糕。假如我们可以适时调整自己，努力摆脱消极情绪的控制，那就有力量来面对不如意的现实。生活很美好，人生值得期待，别让自己输在情绪失控上。

编著者

2018年1月

目录

第 01 章

人生需要成功——情绪需要掌控

管理好情绪，才能掌握人生

生活中，每个人都有情绪，喜、怒、哀、乐都是我们生活中的常态，我们不可能完全摆脱情绪，我们要做的只是把握自己的情绪，让自己在情绪的世界里活得更好。的确，人感觉到的，就是所拥有的，人感觉到的越多，所拥有的也就越多。事实告诉我们，好情绪就是胜利的保证。做人乐观、积极，我们就能朝着胜利的方向迈进。每个人今天的命运状况，或许都是自己昨天情绪的结果。因此，我们任何一个人，都要学会解读人生密码，这样才能认清人生方向，才能朝着这一方向大步迈进。

我们先来看下面这个求职故事：

凯恩在一家汽车修理厂工作，他做这行已经五年了，尽管生活过得还可以，但他觉得自己不能一直这样下去，他也想成功。正巧，最近他看到报纸上刊登了一则招聘启事：某汽车公司高薪聘请修理部经理，凯恩很想去试试。

这天晚上，他早早地上床睡觉了，但也不知道怎么回事，开始莫名地烦躁，翻来覆去睡不着。于是，他干脆爬起来，他想了很多：是啊，自己现在已经快三十岁了，为什么一事无成呢？和自己一起毕业的那些同学

们，要么有固定工作、幸福的家庭，要么已经住豪宅、开名车，并且，大学时代，另外三个舍友都曾经自己当过老板。他扪心自问：与这三个人相比，除了工作以外，自己还有什么地方不如他们呢？事实上，他们实在不比自己高明多少。

经过长时间的反思，他终于找到了问题的症结——自己性格情绪的缺陷。在这方面，他不得不承认自己比他们差了一大截。时间过得很快，到了深夜两点的时候，他依然毫无睡意，因为他真的清醒了，他觉得生平第一次看清了自己，发现过去很多时候自己都不能控制自己的情绪，例如自卑、做事莽撞、自私等。

于是，他下定决心，一定要改变自我，要保持一个积极向上的心态，一定要完善自己的情绪和性格，弥补自己在这方面的不足。

第二天早上，尽管他没睡好，但依然满怀自信地前去面试，令他惊奇的是，他真的顺利地被录用了。

故事中的主人公凯恩之所以能得到心仪的工作，与前一晚的感悟以及重新树立起的这份自信不无关系。看了这个故事，你的内心是否也有所触动呢？

的确，情绪对我们的生活和命运具有决定意义的影响。积极的情绪会引导我们以正确、恰当的方法做人做事，引导我们成功；而相反，在消极情绪的引导下，我们也可能会做错事而追悔莫及。实际上，我们都清楚一点，这个世界上，成功者毕竟是少数，成功者潇洒走于世，失败者颓废不堪，而我们可能忽略的一点是，成功者之所以成功，失败者之所以失败，不仅与他们的能力有一定的关系，更为重要的是，他们是否有一个健康的心态。有时候，你以为成功的大门已经关闭，但若积极进取的话，你会发

现，其实另外一扇窗已经为你打开。

在我们的人生道路上，个人能力固然在很大程度上影响着我们前进的步伐和速度，但起到决定性作用的，是我们对于自我情绪的良好控制力。在这个压力空前的社会，保持健康的情绪，是让我们走向康庄大道的关键。

别因情绪失控而陷入失败境地

生活中，我们常有这样的体会：交通拥挤的十字路口红绿灯突然失控了，整个路面成了汽车的海洋，不耐烦的司机在鸣笛乱喊，刺耳的喇叭声充斥于耳，整个交通处于瘫痪状态，如果没有交警的疏导，不知道会拖延到什么时候，造成什么样的后果。同样道理，如果人的情绪一旦失控，这个世界又会怎样呢？

我们工作与生活的世界本身就是个有条不紊、按规律运行的有机体，只要正常运转，一切都会秩序井然，按部就班。就像一台计算机、一架飞机、一台机器，如果操作正常，控制良好，就能发挥它们的正常作用。人的情绪也如同一架机器一样，一旦失控，就不能正常运转，最终会导致人们陷入失败的沼泽。

英国著名作家培根曾经这样说过："愤怒，就像是地雷，碰到任何东西都一同毁灭。"你如果不注意培养自己忍耐、心平气和的性情，一旦遇到导火线就暴跳如雷，情绪失控，就会把你的好人缘全都炸毁。

情绪到达临界点时，如何浇灭自我脑中的怒火，使自己的理智不被烧

毁，是学会控制情绪的一个重要课题。面对别人的指点甚或是责难，面对不必要的矛盾与摩擦，为了避免自己的行为带来不良的后果，我们首先要学会闭上嘴巴，收紧拳头。

歇斯底里的情绪，只会让事情更糟糕

现实生活中，每个人都难免产生负面情绪。诸如悲伤、怨恨、愤怒、恐惧等情绪，都会给人带来不愉快的感受，都属于负面情绪。尤其是在遭遇不如意或者是意外的时候，我们很容易就会陷入负面情绪之中，导致身心健康受到影响，也使我们的生活和工作都变得不愉快。普通的负面情绪尚且还好，倘若我们因为沉重的打击或者突然的变故，情绪变得越来越激动急躁，最终歇斯底里，则一定会使我们的生活更加糟糕。

曾经有心理学家经过研究证实，人们愤怒的情绪会导致人体产生毒素。当然，自古以来被气死的人时常能够见到，他们虽然未必是被愤怒产生的毒素毒死的，但是他们的死亡与激动不安所致的身体应激反应之间，有着必然的联系。人假如总是陷入负面情绪之中，无法自控，就会导致生活和工作都失去秩序，最终也会因此变得更加疯狂和焦躁。

和极少数波澜不惊的人相比，有极少部分的人情绪很容易大起大落，他们也许前一分钟还非常高兴，后一分钟就会因为不值一提的小事导致情绪突然变化。人们常常用"三月的天，小孩的脸"来形容天气，殊不知这些人的情绪较之更加复杂多变，无法捉摸。然而，生活归根结底不会一帆风顺。人们常常因为某些事情导致情绪变化，需要注意的是，为了自己的

身体健康，为了与他人更加和谐友好地相处，我们必须调整好自己的心态，努力控制自己的情绪，从而才能避免成为情绪的奴隶。

要知道，任何情绪都无法解决问题，良好的情绪和愉悦的心情也许对于我们解决难题有益，但是紧张恶劣的情绪和糟糕的心情，只会使事情越来越糟糕。更有心理学家曾说，愤怒会降低人的智商。在这种情况下，我们与其白白浪费时间愤怒，不如心平气和，积极地想办法解决问题。三国时期，汉寿亭侯关羽是个骁勇善战的英雄，不但过五关、斩六将，而且单刀赴会，水淹七军，表现出气镇山河的英雄气概。然而，他的性格却很偏激，这直接导致他人缘欠佳，在深陷绝境的时候孤立无援，因而最终衰败，结束了英雄的一生。现代社会，虽然没有人会重复关羽的命运，但是有很多人都和关羽一样，一遇到事情就意气用事，歇斯底里，导致无法客观全面地看待问题，也无法冷静理智地解决问题，最终众叛亲离，孤立无援。

从心理学的角度来说，假如在性格和情绪上过于偏激，就是一种心理性的疾病。大多数这样的人都孤陋寡闻，缺乏开放的意识和心态，因而更加主观武断。在这种情况下，要想缓解心理症状，就必须充实自己的知识，增强社会经验，以宽容豁达的心态融入社会。唯有如此，才能避免"一叶障目，不见泰山"的偏激。

尤其是现代社会，很多人都承受着巨大的生活和生存压力，这也直接导致很多恶性事件的发生。新闻报道，河北石家庄的一位年仅29岁的母亲，从十一层楼横着扔下年仅4岁的女儿，随后自己也跳楼，母女双双死亡。到底是怎样的暴怒和冲动，才让这个母亲带着最心爱的孩子走上了不归路，其中的隐情我们不得而知，但是这份死亡承载着的伤痛却被所有人

看在眼里。最终的结果却是，家人悲痛欲绝，使人不胜感慨唏嘘。

那么，我们该怎样应对这种情绪问题呢？

1. 辩证唯物主义的观点告诉我们，任何事情都有两面性，我们必须学会冷静客观地分析问题，看到事情的正面与反面，才能更加清醒理智地接纳问题，让自己保持冷静的情绪，想方设法地解决问题。

2. 如果一个人在与人相处的时候，总是先入为主地把他人想得太坏，对他人带有偏见，则不管他人怎么做怎么说，都根本无法赢得这个人的好感，随之而来的是，这个人也必然陷入对他人的恶意揣测之中，导致自己也痛苦不堪。

3. 众所周知，相互尊重是人们交往的基础，在与他人交往时，我们一定要有礼貌，这样才能做到彬彬有礼，从而与他人建立友善的关系。

4.生活中，有很多食物都有舒缓压力的作用。除了从心理上控制情绪之外，我们还可以多多食用能够缓解压力的食物，这样一来，我们自然能够心情愉悦，心平气和。

情绪需要常常整理，理出头绪

对于一个喜欢生活在清洁和有条有理的环境中的人而言，定期整理家务、清洁衣柜是必须的事情。一个淡定从容地享受生活的女人，总不愿意从杂乱无章的衣柜中随便找到当天要穿的衣服，而且它们还皱皱巴巴的。因此，如果你真的想要了解一个女人，不必看她出现在公众面前时的衣着是否光鲜亮丽，妆容是否精致完美，你只需要找机会看看她的衣柜，就能

对她的为人进行一定深度的了解。

那么，在我们整理衣柜的同时，我们是否意识到情绪也需要整理呢？因为各种各样的事情产生的各种杂乱无章的情绪，也是我们畅享生活的天敌。如果你的应变能力不够强，还很可能在事情突发的时候手足无措，使事情变成一团乱麻。情绪，是思想的表现，思想主宰着我们的命运，影响着我们的生活。可以说，每个人要想拥有成功的一生，最重要的问题就是选择和坚持正确的思想。假如我们能够做到这一点，我们的人生就会更容易获得成功。假如我们总是悲观绝望，所思所想都是让人泄气的事情，那么我们就会陷入莫名其妙的悲伤之中，甚至为此焦虑不安；假如我们的所思所想总是让人亢奋昂扬，那么我们总能够感受到喜悦和兴奋，生活也会因此而变得积极乐观，带给我们满心愉悦。这就是思想的魔力，它几乎是我们生活的基础。当然，这么说并不意味着我们要随时保持乐观的态度对待生活。毕竟，生命除了带给我们意外的惊喜，也总是突然让惊吓从天而降，甚至安排我们接受灾难的磨砺。悲伤哭泣是难免的，我们当然有哭泣的权利，但是我们应该积极。这一点是不可改变的。如果能够做到定期整理情绪，把那些消极负面的情绪清除出去，让我们不管面对好事还是坏事，都能冷静接受，都能永不放弃，那么我们就是无法战胜的，即使命运也要臣服于我们。

对于琳达而言，最近一段时期，她的生活简直太糟糕了。原本，琳达是个精致的女人，非常崇尚精致的生活。她不允许自己的生活一团杂乱，缺乏情趣，因此凡事都喜欢未雨绸缪，安排得井井有条。但是琳达的事情实在太多了，简直分身乏术，也没有时间和精力再去收拾家、打扮自己。

首先，琳达单位接了一个很大的项目，琳达是原定的项目负责人，

这意味着她要忙碌至少三个月。如果仅仅是工作上的事情，琳达还是可以应付的。但是，琳达的婆婆突然生病住院，需要做心脏支架手术。紧接着，琳达的爸爸因为突发脑溢血，正在医院的ICU里特别看护，每天都要一万多元的抢救费。接着，琳达的妈妈因为急急忙忙地赶往医院，也摔伤了腿，整条腿都打上了石膏。偏偏此时此刻，琳达的老公已经被单位派往南非工作一年了，根本不可能回来帮忙。为此，琳达简直忙得焦头烂额，在医院里送饭都送不过来。此时此刻，她非常恼火自己和老公都是独生子女，哪怕他俩任何一个人有个兄弟姐妹也好啊！琳达简直想要哭出来，她无力承担这一切，又不愿意放弃工作。在一个仓皇失措的午后，琳达拿出一张纸，写下了自己面对的诸多困难。最终，她把这些麻烦事按轻重缓急安排好，也整理好了自己的情绪，擦干眼泪，开始像个女强人一样去安排这一切。

　　婆婆的心脏支架手术很快就能完成，术后只需要卧床静养几天，因此琳达花钱给婆婆雇了一个护工，全天候二十四小时照顾婆婆；爸爸的脑溢血是需要长期照顾的，恰巧琳达的大姨和大姨夫在农村赋闲，因而琳达把大姨夫请来照顾行动不便的爸爸，又让大姨负责照顾腿上打着石膏的妈妈；琳达还把孩子暂时寄宿在学校，吃住都在学校里，也省去了接送的麻烦。最后，琳达照常努力工作，每天一下班就赶回家给吃了一天医院里大食堂的亲人们做好饭，分别装好，送到医院。有的夜晚，她还会替换大姨和姨夫回家休息、洗澡。这么做完之后，琳达再也不觉得心乱如麻了，反而有种如释重负的成就感。远在万里之外的丈夫听到琳达对这一切事情的合理安排，不由得连声夸赞。

　　如果琳达没有及时整理自己的情绪，安排这些毫无头绪的事情，也许

很快就会被焦虑压垮，甚至自己也因为身体和精神的双重疲劳倒下了。幸好，她悲伤之余还保持着清醒和理智，因而很快就做出各项合理安排，由此也帮助自己恢复了轻松和镇定。现在的琳达，虽然比平时更加忙碌了，但每一个亲人都得到了最佳的照顾。而且，她依然能够从事自己喜爱的工作，并没有放弃任何重要的东西。试想一下，琳达处理和安排这些事情的过程，是不是就像我们平时分门别类地收拾衣柜呢？看着一片清爽、每个物品都摆放在合理位置的衣柜，你也一定觉得神清气爽吧！

　　一个人是否快乐，并不在于他拥有多少，而在于他能否合理安排生活，并且掌控自己的情绪。当一切都有条不紊地进行时，你的生活就是成功的，更是幸福的。很多情况下，情绪对处理事情的影响超乎我们的想象，因而你如果想捋清情绪，就不要任由事情杂乱无章地发展。当你把很多面对的难题都分别处理好，你的情绪也会随之变得清净和愉悦。

　　情绪需要整理，这听起来简直不可思议。但是，当你把自己的生活整理好，你的情绪也会各归其位，帮助你重新找到生活的快乐和乐趣。需要注意的是，对未来的莫名担忧和恐惧也是情绪紊乱的根源。所谓活在当下，就是让我们把更多的关注点集中于今天，这样才能心无旁骛地过好每一个今天。

怒气，会消耗我们的幸福快乐

　　每个人面对生活时，都不愿意愤怒。然而，每个人在面对生活的不如意和诸多意外时，又难免会感到愤怒。作为人们最厌恶的情绪之一，愤怒

总是给我们的生活带来很多负面影响，也会无端消耗我们的幸福快乐，使我们感到郁郁寡欢。尤其是心理学家经过研究还证实，人在愤怒时不但智商降低，而且还会导致身体产生毒素。自古以来，不少人都被气死，也间接说明了愤怒对于人体的恶劣影响。

现代社会中，每个人每天都要承受巨大的压力，不但要处理好生活和工作，而且还要与他人搞好关系。如果不能适度控制自身的情绪，导致自己因为愤怒与他人之间关系紧张，则可谓得不偿失。尽管每个人都想要远离愤怒，但是愤怒却与我们如影随形。尤其是对于脾气暴躁的朋友们而言，常常因为芝麻大的小事情就陷入愤怒之中无法自拔，不但伤害自己，也伤害他人，甚至有可能使自己的人生都因此丧失光彩。其实，愤怒改变不了任何事情。如果你很贫穷，愤怒只会使你利令智昏，导致事情更加糟糕，甚至使你更加贫穷；如果你急于找到人生的机遇，那么因为愤怒白白浪费时间的你甚至会与好机会失之交臂，从而追悔莫及。既然愤怒不但对我们的成功无益，而且会导致我们远离成功，我们为何还要愤怒呢？如此损人不利己的事情，还是少干为宜。

然而，人是情感动物，每个人都有自己的脾气秉性，也难免因为客观外界的很多事情导致情绪波动，这也就注定了我们一生之中都要与愤怒打交道。既然我们无法彻底杜绝愤怒，那么我们最好的方式就是学会与愤怒和谐共处。

从心理学的角度而言，愤怒的情绪是人生的毒瘤，对于人的身体和生理健康都极具危害性。虽然愤怒不会使大多数人立即致命，但是它却如同病毒一样慢慢地吞噬人的身体，使人的身体日渐衰弱，百病缠身。当然，很多人都知道自己不应该被愤怒控制住，也想远离愤怒，但遗憾的是大多

数人并不懂得如何控制自己的情绪，也就直接导致他们成为愤怒的奴隶，受到愤怒的驱使。

对于愤怒，有些很有涵养的人会选择掩饰和隐藏。其实，这种方法虽然能够在短时间内避免伤害他人，但对于自己的身体却是有很大坏处的。想要真正地降服愤怒，就要调整好自己的心态，这样才能从根本上解决问题。人人都想要成为人生的主宰，殊不知，要想主宰人生，首先要主宰自己，主宰自己的情绪。

人生，总是面临着各种各样的选择，愤怒也是我们的选择之一。在面对一件事情时，我们或者选择坦然面对，或者选择勇敢接受，或者选择以愤怒的态度进行消极地逃避。当我们把愤怒当成是一种习惯，我们的人生就会时常被愤怒的阴影笼罩。愤怒是后天性反应，是人们在遭受挫折或者打击之后，选择的应对方式。尤其是当看到现实与理想相差甚远时，人们更容易陷入愤怒的旋涡中无法自拔。

任何愤怒都不是无缘无故产生的。很多人之所以时常愤怒，是因为他们误以为愤怒能够解决问题。因而朋友们，要想远离愤怒，首先要认清楚愤怒的本质，它绝不是人类的本性，而是后天的选择和行为。当我们发自内心地意识到愤怒的危害，而且心甘情愿地想要改正这个不良习惯，我们就可以渐渐摆脱愤怒。当你不再因为愤怒而头昏脑涨，你自然会做出更加明智的处理和解决方案。

那具体应该怎么做呢？

1.越是在危急的时刻，我们越是应该远离愤怒，保持清醒和理智，这样才能竭尽所能地弥补一切，才能尽量完满地解决问题。

2.选择合适的方式发泄愤怒，诸如转移注意力，或者做些自己喜欢做

的事情，总而言之，就是不要在怒火中烧的时候做出让自己后悔的决定。

3.愤怒是非常复杂的情绪，当你感受到自己的愤怒时，不如按下情绪的暂停键，给自己更多的时间思考愤怒的原因，也许在几分钟之后，你就会觉得自己根本不值得为某件事情或者某个人大动肝火。

4.学会合理表达自己的愤怒。当受到他人有心或者无意的伤害时，不要一味地掩饰和隐藏自己的愤怒，这样是很容易憋出内伤来的。做人虽然要谦虚低调，但是也要学会以恰到好处的方式维护自己的合法权利和利益，因而及时表达也是非常重要的。

被愤怒冲昏头脑，智商也会降低

人为什么会生气呢？从表面上看起来，爱生气的人似乎非常强势，而且他们提高嗓门，面色严肃冷峻，使人心生畏惧。实际上，从本质上来说，人之所以生气，反而是因为胆怯，他们必须用怒气掩饰自己的怯懦，这样才能使自己变得外强中干，吓唬那些不知道他们底细的人。有的时候，人们因为感受到自身的软弱，所以也会动辄生气，以此帮助自己树立威信。殊不知，这样的威信是非常脆弱的，基础也很薄弱，很容易突然坍塌，被他人戳穿。

细心的人会发现，真正的强者，很少会生气。首先，真正的强者都非常自信，他们的自信是发自内心的，是他们精神的支撑，所以他们无需用怒气伪装自己，更无需用愤怒帮助自己树立威信。其次，真正的强者很清楚愤怒对于人有着强烈的负面作用，哪怕是一个聪明理智的人，一旦被愤

怒冲昏头脑，智商也会瞬间降低。为了不使自己的智商降低，他们会竭尽所能地控制自己的愤怒，让自己成为地地道道的强者，不因为任何事情而陷入愤怒的囚牢。

从心理学的角度而言，愤怒是一种负面情绪。人们在因为某些事情感到不满意或者那些事情没有达到预期效果时，他们就会变得特别激动，甚至极端愤怒。在这种情况下，他们的理智必然会被愤怒赶走，甚至会完全丧失理智。这样一来，他们如何能够做出积极理性的思考呢？因而我们要想成为自己的主宰，要想战胜自我，要想掌控自己的情绪，就必须放开心胸，对于人生中的诸多不如意都能保持宽容，从而变得更加快乐从容。愤怒的负面影响不仅局限于生活，影响人们的人际关系，也会给人们的工作和事业发展带来极大的障碍。现代社会，各行各业之间的分工越来越明确，也导致合作越来越密切。尤其是在同一个工作单位里，同事之间要搞好关系，才能和谐相处，密切合作，这也给开展工作带来极大的便利。

对于每一位成功人士而言，最大的敌人就是自己，而愤怒恰恰是每个人的心魔。一个人要想超越自我进行良好发展，就要战胜自己的愤怒，成为自身情绪的主宰，从而使自己的人生更加坚定、平和。

自从结婚之后，小雅就和公婆生活在一起。年轻人和老人共处一室，而且还不是自己的亲生父母，再加上婆婆和媳妇都是女人，心思缜密，日久天长，难免心生嫌隙，相处也就没有那么愉快了。前段时间，小雅刚刚生了孩子，是个女孩。婆婆虽然嘴巴上没说什么，但是因为传统的传宗接代思想，对于小雅生个了女儿很不满意。坐月子期间，婆婆整日唉声叹气，小雅看在眼里，气在心里。

出了月子没过多久，有一次，小雅因为婆婆给孩子洗衣服没洗干净，

对婆婆提出意见，婆婆却马上火冒三丈，说："不就是个丫头么，凑合养大就行了。"听了婆婆的话，原本就有些产后抑郁的小雅自然很生气，说："你不也是女人么，我怎么没看到你凑合活着。男孩女孩都一样，这都什么年代了，难道你还要虐待你亲孙女吗？况且生男生女都是你儿子的种，要怪也得怪你儿子，这可不是我一个女人能决定的。"就这样，小雅和婆婆你一言我一语地吵了起来，谁也不愿意谦让谁。当时，正值小雅的老公在外地出差，小雅便打电话和老公哭诉，老公非但没有安慰小雅，还斥责小雅："你就别给我添乱了，我上班够累的了。你也不看看我一个人要养活多少人，你还是消停点儿，别和我妈吵架啦！"小雅思来想去，越想越生气，居然抱着几个月的孩子从十一层楼上跳下来，结束了孩子和她自己的生命。

因为产后抑郁，也因为婆婆重男轻女口不择言，小雅和婆婆最终发生了激烈争吵，这加重了小雅的抑郁，也使小雅在一时冲动之下产生了轻生的念头，还结束了孩子的生命。这样的结果显然是每个人都不愿意看到的，也使人无限感慨唏嘘。

愤怒是魔鬼，冲动更是魔鬼，这两句话都特别有道理。任何时候，我们都要控制自己的情绪，在极端愤怒的情况下，千万不要轻而易举做出糊涂的举动，否则就会追悔莫及。实际上，生活中的很多事情都不是绝对对的，或者是绝对错的。任何时候，我们只有更加包容他人，也努力控制自己的情绪，才能让生活中多一些幸福和谐，少一些烦恼忧愁和追悔莫及。

那具体应该怎么做呢？

1.冲动是魔鬼，怒火会使人的智商瞬间降低为零，导致人们做出使自己追悔莫及的事情。在这种情况下，我们要如同老司机开车一样，要宁停

三分，不抢一秒，最终使得事情朝着理想的方向发展。

2.当情绪愤怒到极点时，聪明理智的人会选择转移注意力的方法，让自己不急于说话做事，这样才能避免闯下大祸。

3.任何事情都不是绝对的，我们如果能够做到设身处地为他人着想，理解和体贴他人，那么我们的心胸就会更加开阔，我们的人生也不会陷入斤斤计较的无聊琐事之中。

第 02 章

学会欣赏自己——别让自卑占据心房

了解自己，懂得欣赏自己

我们常说"人无完人"，每个人都有自己的长处和优点，但现实生活中，并不是每个人都能认识到这一点，都能做到不怀疑自己，而懂得欣赏自己的人更是少之又少。自信是一种认知的开始，因为透过自我观照，才能了解自己的专长、能力和才华。

姚颖从小就是个自信、大胆的女孩。大学毕业后，她进了一家电子公司的行政部门，做起了安安稳稳的文职工作。

有一次，公司开会，老总希望能从人员过多的行政部门调几个人到市场部门，他问大家的意见，结果谁也不肯站出来。因为他们都认为自己是"学院派"，科班出身，怎么能走街串巷、满脸堆笑地揽活呢？

这时，姚颖猛地站起来，自告奋勇："老总，我愿意！"因为她相信自己同样能胜任市场部门的工作，也许更能体现自己的能力。于是，她马上被调到业务部工作。对她来说，这是十分陌生的工作岗位，很多事情让她感到晕头转向。她必须迅速适应周围的一切，尽快建立自己的客户网络，才能扩大业务成交量。

姚颖开始走出办公室，主动和别人商谈合作事宜，了解市场上的价格

与折扣。她成了个大忙人，不仅要负责业务部的大小事务，还要将自己对公司每一项产品所进行的实地调查的情况做成书面报告交给老总，以便公司开展下一步具体工作。

在业务部，姚颖工作四年了，如今的她，已建立了稳固的客户群，同时又让部门其他业务人员充分施展了自己的才干。他们团结合作，创造了前所未有的业绩，使公司上上下下都对她刮目相看，很快，她便进入公司的管理层。

这个职场故事中，姚颖顺理成章地进入了管理层，而当初和她坐在同一间办公室的同事还在从事原来的工作。她靠着自己的无所畏惧，勇于任事，才能抢占先机，让自己在竞争激烈的环境中脱颖而出，成为领导眼里的人才。

自信是对自己的高度肯定，是成功的基石，是一种发自内心的强烈信念。我们需要自信。无论在生活还是工作中，一个自信的人，常看到事情的光明面，既能尊重自己的价值，同时也尊重他人的价值。自信是个人毅力的发挥，也是一种能力的表现，更是激发个人潜能的源泉。为此，你需要做到：

1.不断学习，让自己具有硬实力

在今天，素质决定着命运。当然，在具备这点后，你就要实事求是地宣传自己的长处、才干，并适当表达自己的愿望，这样才能让别人更加了解你，也能给予你更多机会。

2.不断挑战自己

任何人，在这个快节奏、高效率的时代，要想脱颖而出，要想进步，就必须要做到不断挑战自己。要知道，一个人的能力是需要不断挖掘的，

只要我们能相信自己，欣赏自己，摒弃自卑，就能在职场、事业上不断彰显自己的能力和价值。

在经济飞速发展的今天，各种机遇和挑战无处不在。我们不妨自信一点，给自己一个发挥长处的机会，初登舞台，放低姿态；站稳脚跟，慢慢发展；等到机会出现，就一定要大胆出击。有了这种敢于冒险、勇于迎难而上的精神，你才能够创造奇迹。

过度自卑，使人畏手畏脚

现实生活中，有极少数人非常自信，甚至达到了自我膨胀的地步；有些人与他们恰恰相反，他们最缺乏的就是自信，不管什么情况下，都总是怀疑自我，陷入严重自卑之中。不得不说，极度自卑对于人生的影响是很大的。一个人要想成功，自卑是最大的障碍，自信是最大的资本。所以，我们必须摆脱自卑，从而让自己变得从容自信，也能够坦然行走在人生之路上。

当然，自信的获得并非我们想象得那么简单。有些人因为自身的能力学识不足，感到自卑；有些人因为自身的经验不够丰富，资历尚浅感到自卑；有些人甚至因为自己长得不够漂亮或者是身材不够好，感到自卑……总而言之，自卑是我们心中的严重障碍，一个人一旦陷入自卑的深渊，就会找到很多理由让自己变得自卑。自卑的人总是不停地否定自己，甚至陷入强烈的焦虑之中，对于自己的长处都表示怀疑。因为极度的自卑，他们不但总是自我否定，也有可能变得狂妄自大，以伪装出来的高傲来掩饰自

己的深深自卑。他们的表现也会从畏手畏脚，畏畏缩缩，变得无所顾忌，什么话都敢说，什么事情都敢做，这是心理上的扭曲。不得不说，自卑使人变得心理失衡，心神不宁。

整个初中高中期间，包括去读大学，小娜都特别自卑。其实，小娜本身学习成绩比较好，而且外形条件也不错，是个亭亭玉立的漂亮姑娘，但她就是自卑。她自卑的原因，大多数同学和老师都不知道，只有她的闺密思雨知道。原来，小娜的爸爸是个酒鬼，从小，小娜就总是看着爸爸喝醉了酒发酒疯，和妈妈打架，因此特别缺乏安全感。不管有任何问题，小娜回家都不敢告诉爸爸，因为她怕爸爸有了烦恼的事情，就会借酒发疯。对于小娜的心理，思雨表示很同情。

后来，随着年岁增长，16岁的小娜初恋了。原本，大家都以为作为好学生的小娜不会早恋，但是小娜偏偏就早恋了。因为一直以来，小娜都想要尽快找到喜欢的人，这样也许就能减轻自己对于父母的依赖，也不会因为父母的事情受到太大的影响。有段时间，小娜的父母闹离婚，小娜甚至上课都无心听讲了。就这样，小娜早恋了，而且在恋爱的道路上越走越远。高三那年，她和男朋友在一起不小心怀孕，背着父母和老师去堕胎，学习成绩也一落千丈。后来小娜没有考上大学，成为四处打工的一个落榜生。

假如小娜不是因为爸爸的酗酒感到自卑，假如父母能够给小娜一个安全幸福的家，小娜的人生也许就会变得截然不同。对于青少年而言，如今的早恋问题变得越来越严重。作为父母，一定不要以强权高压，更不要以自身的婚姻生活问题，导致孩子的生活受到严重影响。学习会因为自卑变得越来越差，感情上的空虚和无处寄托，也会导致孩子情绪波动，陷

入早恋。

一切河流都有源头，一切道路都有起点。曾经有心理学家经过研究发现，任何人成年的问题，都与年幼时期的生活经历有着不可分割的关系。甚至婴幼儿时期的生活经历，对于人们成年之后的生活，也是有影响的。从这个角度而言，作为父母，一定要为孩子创造良好的成长环境，这样才能保证孩子健康快乐地成长。

在年少时，我们很多时候依赖父母。随着渐渐长大，走向成年，我们开始自己主宰人生，也变得更加谦虚。任何时候，人都只有不断进取，才能获得更大的成就。相比之下，自卑如同骄傲一样，同样使人退步。自卑者不但害怕失败，而且因此感到焦虑，变得畏手畏脚，或者自高自大。这些，都是人们获得成功的极大阻碍。

那具体应该怎么做呢？

1.我们可以谦虚，但却不能自卑，自卑和谦虚是截然不同的。

2.自卑者往往妄自菲薄，心神不宁，谦虚者却能够做到坦然对待自己的成长，不卑不亢地面对自己的对手。

3.做人应该谦虚，却不要自卑，更不要让自卑影响自己的生活、学习和工作。

不必太敏感，要相信自己的能力

自信，是一种对自己素质、能力作积极评价的稳定的心理状态，即相信自己有能力实现既定目标的心理倾向，是建立在对自己正确认知基础上

的、对自己实力的正确估计和积极肯定，是自我意识的重要成分。自卑则主要表现在认知上不欣赏自己，看不到自己的优点，不相信自己的能力，甚至贬低自己，以至于面对别人的肯定和赞扬时也可能不知所措，不能坦然接受；行为退缩，因为害怕犯错误或遭遇失败而不敢做事，与人交往时显得被动等。

人的自信是一种内在的东西，需要由你个人来把握和证实。所以，在建立自信的过程中，一定要学会自我激励。比如，当你遇到重要的事情，需要鼓起勇气来面对时，你可以说："父母赋予我生命，就赋予我无穷的智慧和力量，凡事都能做。"这样可以增强自己内在的信心，激发自己内在的力量，从而成功地达到目的。当然，这种激励只是一种临时的办法，要想长期在自己的内心建立自信，那就需要不断地激励自己，直到形成习惯。

很多作家、艺人在未成名之前都受到过冷落和轻视，但是有自信的人能够看淡这一切，继续走自己的路。不经过一番努力，没有人能获得成功；"天下没有免费的午餐"，天下没有"不劳而获"的事情，重要的是，要相信自己。

美国华裔女主播宗毓华曾说过："不要怀疑自己的才华。"她之所以能够以华裔女性的身份跻身在人才济济的美国电视圈，受到大众的肯定和喜欢，就是凭借她的才华和自信。的确，只有自己相信自己，才能在挫折连连的时候努力走出自己的路，不因别人而放弃自己。没有任何人可以放弃你，除非你先放弃了自己。

自信心的积累需要一个过程，任何人并不是在刚开始就能踌躇满志，但无论如何，我们都要相信自己，肯定自己。自信能让我们走上光明路，

而相信自己的才华，是自信的开始。

自卑往往源于内心的比较

一位来自城里的记者询问在夜间忙碌的农民："为什么要在夜间翻地呢？"农民回答说："在夜间翻地，野草的生长率会降到2％，但若是让野草照到一缕阳光，它们便会快速增长，生长率高达70％呢。"听到这样的回答，记者当时惊呆了，他并不是因为快速生长的野草会影响农作物，而是被野草的生命之美所感动。野草，本来是多少不起眼的小生命啊，但是，因为那一缕阳光的生命力，怀抱自信，冲破黑暗，沐浴阳光。就连野草这样微小的生命都对自己充满了信心，而我们为什么要让自卑掩盖自己的风采呢？

自卑是一种因过多的自我否定而产生的自惭形秽的情绪体验，其实，在生活中，几乎每个人都有自卑心理，只是程度不同而已。适度的自卑能够激励人们发奋努力，获得成功，但是，过度的自卑，则会影响一个人的心理、行为，乃至事业成就。那些对自己缺乏信心的人过度关注自己的生理缺陷和自身劣势，导致其心理十分脆弱，经不起较强的刺激。他们很容易对他人产生猜疑、嫉妒心理，行为总是畏首畏尾、瞻前顾后，等等。

由于自卑，或许他们本可以成为优秀人才，但是，因看不到自己的特长，不敢发挥自己的优势，最终只能碌碌无为。自卑，就好似是一个陷阱，阻碍人们继续前进。因此，我们要丢掉自卑，让自信的阳光洒满心房。

很多时候，自卑源于人们内心的比较，越比较越觉得自己处处不如

人，结果，内心就越来越自卑。但所谓"天生我材必有用"，上天从来都是公平的，它会眷顾每一个人。当它为你关上一扇门的同时总会为你打开一扇窗户，不过，如果你总是怀着自卑之心，又怎么能得到上天的眷顾呢？自信是一个人跨越成功门槛的动力，丢掉内心的自卑，提升自信，这样，你向前的脚步将会变得更加轻盈。

拿破仑说："只要有信心，你就能移动一座山。只要坚信自己会成功，你就能成功。"可是，在生活中，拥有信心的人并不多。自信本身并不神奇，也不神秘，但是，如果你相信自己确实能够做到，自然就会信心百倍。

读过《简·爱》这本书的人都会被那个自信的女孩所吸引，在书中，家财万贯、性格孤僻的庄园主罗杰斯特为什么会爱上地位低下而又其貌不扬的家庭教师呢？答案其实很简单，因为简·爱自信、自尊，富有人格的魅力。正是这种自信的气质与魅力，使她获得了罗杰斯特由衷的敬佩和深深的爱恋。

有人在研究当代世界名人的成长经历之后都会发现，这些名人对自我都有一种积极的认识和评价，表现出相当的自信。坚定的自信心，不仅使人在事业上不断进取，达到既定目标，而且，使人在性格上重塑自我，增添人格魅力。

自卑是对人生的最大束缚

对于任何渴望成功的人而言，自卑都是绝对要不得的。自卑就像是

束缚生命的"缰绳"，压抑得人们无法畅快地喘息。自卑给我们的生命带来阴影，让原本可以绽放于生命阳光下的花朵被阴影遮蔽，无法享受阳光的亲密接触。自卑也使每个人变得胆小怯懦，失去自信。自卑的我们，脆弱不已，根本无法经受住生活的风风雨雨。由此不难得出一个结论，自卑是人生的最大束缚，我们必须竭尽所能地挣脱自卑，这样才能尽情享受人生，拥抱人生，也燃烧生命。

通常情况下，自卑的人对于自我的评价都很低。他们很擅长于自我批评，但是自我批评不是为了自己更好地进步，而是不断地否定自己，打击自己的自信心。不管是对于自己本身，还是对于自己的能力和才学，他们都绝不肯定，而是一味地仰视他人，鄙视自己。他们从不会昂首挺胸地走路，似乎自卑已经压得他们抬不起头来，也让他们的心沉甸甸的。通常情况下，自卑的产生并非偶然，大多数人感到自卑是因为无法客观公正地评价自己，也对自己的优点认识不足，一味地只盯着自己的缺点看。还有一部分之所以自卑，是因为曾经遭受挫折，始终没有从挫折的打击中恢复信心，导致被自卑缠绕，信心也消失得无影无踪。不管是哪种原因形成的自卑，都会让人们的心理健康受到严重影响，导致人们越来越远离成功。要想消除自卑，最好的办法就是竭尽所能地建立自信。如果说自卑是阴云，那么自信则是阳光，不但能够驱散阴云，而且能使我们的人生变得明媚起来。建立自信的方法有很多，诸如挑战自我，做一些超越自我极限的事情，或者做一些自己力所能及的事情，以培养自己的信心。只要我们发自内心地相信自己是有所长的，也是足够努力和勤奋的，我们就能建立自信，赶走自卑。

自卑是成功的敌人，每一个渴望成功的朋友们，从此刻开始，向董倩

学习，把自卑转化为前进的无穷动力吧，唯有如此，我们的人生才能不断向前，直到获得成功。

再渺小的人和事，也都不可替代

生活在这个世界，许多人都会认为自己是渺小的、容易被忽视的。他们心里常常会这样想：我不过就是一个小人物，又能有多大的作为呢？在这样的心理作用下，他们变得越来越自卑，不敢相信自己，甚至，否定自己的能力与学识。

其实，谁不是渺小的呢？但是，我们更应该记住，即使再渺小的人和事，它们都有着不可替代的功用。哪怕是路边不起眼的一丛小草，它们也为这个世界增添了一抹动人的绿意。或许，它们在你眼里也是极其渺小的，甚至，是可以忽略不计的。但是，它们对于这个世界，依然有点缀的作用。更何况我们还生存着，拥有着生命，我们对于这个世界更有着不可替代的作用。

他祖宗三代单传，爷爷和父亲都是面朝黄土背朝天的农民，他觉得自己一定要有出息。可是，成绩还不错的他在高考时落榜了，失望的他偶然听到"自古军营多俊才"，他想：说不定自己到部队还能干出点名堂、混出个模样来。于是他怀揣着梦想来到了部队，做了一名普通的通信兵，刚开始的时候，他很高兴、自豪。可是，日子久了，整天不是爬杆架线就是打线结，要不就是背着线跑来跑去，他开始犹豫了，当个小卒有啥用？他开始食不甘味，什么也不想干了。

有一次，他与战友下象棋，一开局，他就开始发起了猛攻，"炮当头""把马跳""出车""走相"，你来我往，各不相让。却没想到，战友将不起眼的小卒用得很好，小卒过河之后，竟撵着他的"车、马"躲躲闪闪，最终他输在了对方的小卒上。"怎么样，小卒子挺厉害吧"，战友面带微笑地望着他。他虽然嘴上说厉害，但心里还是不服，于是他又请对方再来了一局，结果他还是输在了小卒上，这下他真的服了。

原来，那不起眼的小卒也有着不可替代的功用。

"小卒过河赛大车"，小卒，看起来不起眼，但是，它发挥出的作用却是很大的。或许，在生活中，我们只是平凡岗位上的一名普通职员，不过，即使在最平凡的岗位上依然可以做出不平凡的事情来。无论多小的工作，你都为这个社会带来了利益，那就是你不可替代的作用。

中山国军宴请都城里的军士，其中有个大夫司马子期，不过他却没有分得羊羹，他感到被怠慢了。生气的司马子期跑到楚国，劝说楚王攻打中山国。在庞大楚军的威逼下，中山君被迫逃走。在他逃走时，身边只有两个人寸步不离地保护着他。

中山君感到疑惑，问道："别人都跑了，你们为什么不逃跑呢？"其中一人回答说："我们是兄弟，之前我们的父亲快要饿死的时候，是您拿了食物救活了他。所以父亲临终时嘱咐我们：'如果中山君有难，你们一定要尽力报效他。'所以我们决心以死保护您。"

听到这话，中山君仰天而叹："给予，不在于多少，而在于正当别人困难时；怨恨，不在于深浅，而在于恰恰损害别人的心。我因为一杯羊羹逃亡，也因一碗饭获得了两个愿意为自己效力的勇士。"

很多时候，小人物并不小，甚至有时会发挥出比大人物还重要的作

用。当然，世界是不停变化的，这个世界没有一成不变的事情。那些看起来默默无闻的小人物也不会永远甘于充当小角色，或许有一天会变成厉害的大人物。

所谓"小卒过河胜似车"，特别是小卒过了河就有万夫不当之勇。在那楚河汉界，车马炮看见小卒过了河，也不免得心惊肉跳，即便是再威武的将军，最后也免不了被小卒吃掉的下场。或许，在生活中，我们就是那不起眼的小卒，可能是街边的清洁工，可能是普通的小职员，可能是一个小士兵，可能是一个普通的服务员。我们既没有显赫的身世，也没有卓越的能力，每天所做的就是安分守己，贡献自己微薄的力量。

也许，我们没有自信的筹码，但是，别忘记了，我们依然是社会的一份子，你的工作、你的事业依然跟所有人是联系在一起的。这就像是一条链子一样，若是少了一个小小的螺丝钉，也会影响到链子本身的作用。因此，千万不要忽视自己的作用，相信自己，小卒过河胜似车。

第 03 章

解开抑郁的心锁——让快乐相伴随行

过度压抑的情绪会危害身体健康

随着社会竞争压力的增大，在竞相地表现自己的同时，许多人悄悄地把自己的真实内心封闭起来，尤其是对自己情绪的压抑。

压抑情绪就是指对自己心理上的束缚、抑制。尤其是对悲伤、忧虑、恐惧等消极情绪的极力压制，会导致人们心情抑郁、痛苦不堪、满腹委屈，还表现为对外面的世界生厌、漠不关心，对别人的喜怒哀乐无动于衷，对任何事情失去兴趣。不仅如此，压抑的情绪，还会损害我们的健康。

小华，35岁，是一家公司的老板，工作一直很忙，生活作息没有规律，经常加班到深夜，有时凌晨还在酒桌上与客人高谈阔论，一段时间以后，他突然感觉胸闷心慌，心跳得厉害，脸色发黄，大汗淋漓，胸口好像有什么东西压着似的，喘不上气来，有窒息的感觉，非常恐惧，大声喊着："我快要憋死了！憋死了！"朋友们立即将他送到医院。到了医院，还未做检查，小华这些症状就消失了，检查结果也显示他身体没有任何异常。回到家后，他也没有什么异常症状，依然加班到深夜。

三个月后，他突然又出现了相同症状，此后，发作得愈加频繁，他感

觉很无助又很害怕，害怕总有一天自己会被憋死。每次发作时间不等，有时不用处理症状就消失了，有时服用药物就能缓解心悸症状。他也跑了医院好多次，做过全面的检查，均未发现异常。他十分苦恼，不知道自己到底怎么了，也不知道自己会在何时发病，每天都焦虑不安，担惊受怕。最后，在医生的建议下到精神科就诊，小华才知道自己患上了焦虑症，是由于过度压抑情绪引起的。心理学家告诉她应该摆脱生活中的紧张感和压抑感，这些症状也就随之消失了。

压抑的情绪就像一条无形的绳索，严重地约束小华的精神，让他每时每刻都觉得痛苦、压抑、无法释放自己，最后引发疾病。压抑情绪的产生与年龄、身份等无关，与个体的挫折、失意有关，继而产生自卑、沮丧、自我封闭、孤僻等病态心理行为，且严重威胁了我们的身体健康。那么我们该如何疏导压抑的情绪，为自己解绑呢？

1.让快乐走进你的生活

让快乐进入你的生活。快乐是无处不在的，如果因为压抑的情绪而放弃了很多事情，让自己只沉浸在自己的思绪中，只会让事情变得更加糟糕。为了转换一下心情，不妨做些运动，多参加社会活动，参加同学聚会或者看电影等。让微笑写在自己的脸上，这些行为也能影响自己的情绪，即使当情绪压抑的时候，也不要垂头丧气地走路，可以像风一样疾走，挺直身子坐着，不要每天愁眉苦脸，每天露出笑脸，也能让自己的情绪变好，缓解自己的压抑情绪。

2.调整自己的心态

压抑的情绪本身来源于自己，是被自己的心理变化所羁绊。事情只是外界因素，自己的情绪变化我们自己是能控制的。长时间深陷一种情绪

中，而无法自拔，造成压抑情绪泛滥，要想自己摆脱这种情绪，一定要及时调整自己的心态，忘掉不快的事情，回味那些美好的瞬间。每一个温暖的瞬间，都可以时常拿出来回味一番，冲淡自己的压抑情绪。

3.宣泄法

我们也常看到一些心胸狭窄的人，爱生气、心中总是闷闷不乐，由于心理压抑长期得不到解决而容易发生心理疾病。要想缓解自己的压抑情绪，可以及时地把压抑情绪宣泄出来，减轻心理上的压力，减轻或者消除紧张的情绪，恢复快乐、平静的心情。你可以选择自我倾诉或者文娱活动等，缓解压抑的情绪，但宣泄一定要注意场合、身份和尺度，要做到"放松自我，不妨碍别人"。

人生本该风雨彩虹交替呈现，若承载了太多的苦闷，只会让内心不堪负重，生活也变得索然无味。为什么不打开心门，让快乐悄然走进自己的生活，卸下心中的负重，让心灵轻快起来呢？

多关注自己的内心，用快乐抵制抑郁

随着现代社会生活压力的不断增大，抑郁成为越来越普遍的一种情绪，但人们对其的重视程度却始终不够。很多人把抑郁称为"心灵流感"，的确，人们一旦抑郁了，就真的如同患了重感冒一样，不管做什么事情都无法变得积极，因而很容易陷入悲观绝望的情绪之中，行动也会变得越来越缓慢。打个形象的比方，患了抑郁的人就像是生活在阴沉沉的天空之中，整个人生都难见到丝丝缕缕的阳光。他们在抑郁的时候，甚至觉

得自己的心如同雷雨之前阴沉沉的天气，带着沉甸甸的湿气似乎能拧出水来。

当然，这个世界上每个人都是独一无二的个体，所以每个人的不快乐都是完全不同的。对于抑郁，我们唯有自己才能解救自己。即便是向心理医生求救，我们也必须完全敞开心扉，才能让心理医生尽量了解我们，也从而最大限度地帮助我们打开心灵的枷锁。

很多朋友对于抑郁，总是有自己的理由，他们对生活始终不满意，因而脸上很难绽放出笑容。实际上，谁的生活都不是一帆风顺的？大多数人的生活，都是不那么令人满意的。最重要的在于我们要知足常乐，而不是把人生的一切磨难都归结于命运，抱怨命运。从心理学的角度而言，抑郁是很复杂的一种情绪，包含着诸如痛苦、焦虑等复杂的情绪。抑郁的情绪是一种复合体，所以很难单纯地进行治疗。当抑郁超越正常的心理范畴，就会成为非常严重的心理疾病，近年来，经常有人因为抑郁症自杀，甚至包括很多年轻的新手妈妈。因而，我们必须更加关注心理健康，更加注重对心理问题的疏导，才能保证自己能够健康快乐地生活。

对于抑郁症患者而言，他们的心里有一堵高高的厚实的墙。他们就躲在这堵墙的里面，远离外界的一切，更不愿意打开心扉倾诉自己。如此，他们的心理就进入恶性循环，不停地导致恶果，最终积累爆发，使得一切都变得歇斯底里。其实，抑郁距离我们的生活并不遥远，只是因为经常被忽视，所以有人不知道自己正处于抑郁的状态。美国的前总统林肯，也曾经历过抑郁的困扰。当时，他因为人生经历坎坷，导致心情低落，从而变得自暴自弃，又因为失去未婚妻，卧病很久才恢复。

因而，当我们感受到自己的心态开始变得消极，而且缺乏自尊和自信

时，一定要提升对自我的关注，更要重点关注自己的心理。在抑郁还可以有效预防或者自我治疗的情况下，我们不妨做些让自己开心的事情，从而振奋自己的情绪，也可以多多鼓励自己，让自己鼓起勇气面对生活。有一些有氧运动，也能让人在情绪消沉的时候，亢奋起来。要知道，运动与人的心情是密切相关的。还需要注意的是，有心理学家经过研究证实，有些活动原本就会使人意志消沉，诸如长久地看电视剧，或者是长时间地让自己静止不动，都不利于调动我们的积极性。

朋友们，人生苦短，而且还要经历重重磨难，所以我们在生活中不要过于苛责自己，也不要对自己太苛刻。我们应该悦纳自己，善待自己，认可自己，尊重自己，才能让自己活得更加幸福。从生活细节方面而言，我们还应该多多关心自己的身体，诸如经常泡个热水澡，或者为自己买一些心仪已久的东西，还可以去品尝美食。总而言之，我们要对自己好，自己的心情才能好起来，抑郁也才会消除。

1.如果短暂的人生始终被阴云笼罩，那么我们的人生必然会变得抑郁。朋友们，不如时常赶走阴云，让一切都守得云开见月明吧。

2.如果心情不好，不如去做义工帮助他人，让我们赠人玫瑰，手有余香，感受助人为乐的快乐吧。

3.多多结交朋友，在心情抑郁的时候呼朋唤友，一吐为快，也许很快就能摆脱抑郁，让自己真正快乐起来。

别压抑自己，合理发泄不良情绪

生活中，你是否遇到过这样的情况：一大早，六点钟的闹钟就把你惊醒，因为八点钟之前你就要到公司，而你还必须得为孩子准备早饭，开车把他送到学校，然而，你叫了几次，孩子都不起床，正当你为此生气时，你又不小心打翻了为孩子做好的早饭，你更是火冒三丈，眼看着就要失控了；当你好不容易赶到办公室，却发现自己已经迟到了，你的名字已经挂在了迟到者名单上，这月奖金又没了，你心里倍感委屈，生活怎么这么艰辛？

其实，生活、工作中，类似于这样的让我们产生负面情绪的事情实在太多，孩子不听话、同事不合作、上司没来由的批评等，都会成为我们情绪失控的导火索。此时，如果我们处理不当，就很有可能造成人仰马翻的惨剧。

当然，如果一味地压制这些情绪，问题也并不会因此解决，同时，积压在身体内部的负面能量也不利于我们的身心健康，比如会引发头痛、胃病等，所以压抑绝不是面对愤怒的最好方法。

每个人都会对身边的事情产生情绪，人类本身就是情绪化的东西，都有喜怒哀乐，那些脾气好的人也并不是没有情绪，也并不是一味地压制自己的情绪，而是懂得以正确的方式排解心中的不快，而不是将情绪传染给身边的人，让他们成为我们情绪发泄的对象。面对情绪，我们可以适时找到合理的宣泄方式，把情绪放走。

所谓合理发泄情绪，是指在心中产生不良情绪时，选用合适的方式方法、合理的场所进行发泄。有以下几种发泄悲观情绪的方法：

1.倾诉法

当你觉得内心憋闷、心情抑郁时，可以选择倾诉的方式来排遣，倾诉的对象可以是你的朋友、同事，也可以是你的亲人，这样使消极情绪发泄出来后，精神就会放松，心中的不平之感也会渐渐消除。

2.哭泣

人们面对突如其来的灾祸、精神和身体上的打击，都可以选择一个合适的场所放声大哭，当你遭到突如其来的灾祸，精神受到打击而不能承受时，可以在适当的场合放声大哭。这是一种积极有效的排遣紧张、烦恼、郁闷、痛苦情绪的方法。

3.摔打安全的器物

如枕头、皮球、沙包等，狠狠地摔打，你会发现当你精疲力竭时，内心是多么畅快。

4.高歌法

唱歌尤其是高歌除了愉悦身心外，它还是宣泄紧张和排解不良情绪的有效手段。

人类是感情动物，而生活在社会中，我们更需要拥有理智。感情一旦失去理智的控制，便会一发不可收拾，带来不可预料的后果。面对负面情绪，我们需要理智地分析、理智地发泄，这样缓解情绪，才能收到较好的效果。

敞开心扉，用交流打开抑郁的心锁

有人说，人生如同一次征途，我们独步人生，难免会遇到种种困难，困难面前，我们难免会悲观失望，甚至看不到一丝曙光，但如果能听到朋友们的鼓励和支持，我们就会重获力量，闯过难关。

专家曾研究过，人际关系不好，性格孤僻或跋扈、有缺陷，容易导致抑郁症，抑郁又会进一步使人际关系恶化，这是一个恶性循环。

敞开心扉是抑郁患者摆脱抑郁的关键。而抑郁症患者为什么很难做到这一点？因为他们有某种心理上的顾忌，他们不愿意承认自己有抑郁症，更别说积极主动地配合医生治疗了。

很多抑郁者在患病后，会选择偷偷吃药而不公开病情，就是因为他们对抑郁症的认识不足，将它误认为神经衰弱、精神分裂，再加社会上一些人对抑郁症患者投以冷眼或歧视，背后传播流言蜚语，在本已伤痕累累的心灵上雪上加霜，所以他们不敢袒露自己的苦闷。

那么，我们该如何向朋友寻求帮助呢？

1. 寻找信任的朋友

只有信任的朋友才会为你保密，真心地帮你解开心结。

2. 不要为朋友带去困扰

你需要寻求帮助的朋友必须是内心坚强的人，如果他比你更容易产生抑郁情绪，那么，你只会为他带去困扰。

3. 必要时寻求心理医生的帮助

如果你觉得朋友并没有帮助你脱离内心的煎熬，那么，你应该说服自己，寻找心理医生来为你解疑释惑。

生活中，寻求心理治疗的患者多半有两种情况，一种是自己已经认识到问题的存在，自愿寻求帮助；另一种是在爱人、朋友、父母的支持下寻求心理医生的帮助，这对于患者的治疗和恢复有很大益处。

了解抑郁，才能更有效地远离抑郁。越早去面对心理创伤，就会越早走出心理创伤的阴影。要摆脱抑郁，最重要的是与别人交流，敞开自己的心扉，才能找到病因，对症下药。

远离抑郁情绪，把握好积极这把钥匙

抑郁是一种很常见的现象，几乎所有人都体验过沮丧、忧郁的心情，它就是一种忧伤、悲哀或沮丧情绪的体验。

抑郁一般表现为情绪低落、沉默寡言、莫名发脾气、喜欢独来独往、悲观，同时也伴有失眠、没有食欲、乏力、心慌等症状，严重的还会有自杀或者自杀倾向，并作出一些极端行为。

很多时候，让我们感到抑郁的，并不是那些不好的事情，而是我们对待事情的态度。当我们以一种消极心态去面对遇到的事情，就会情绪低落、抑郁。其实，只要把握好积极这把钥匙，就能远离抑郁，重新恢复平静。

就像李琼一样。13岁的李琼已经是北京某学校高中一年级的学生了，她从小天资聪颖，连续跳了几级，是老师、同学眼中的"小神童"。父母也以她为骄傲，早早就计划着让她出国留学。

可是，一件小事发生之后，一切似乎开始有了变化。为了高一上学期

期末考试，李琼尽全力做好了准备，但考试前夕，她患了重感冒，连续发了几天高烧，声音嘶哑，浑身难受。

父母关切地劝道："这次别考了吧！"

李琼一贯好强，自从她听人说女孩子在小学、初中成绩优秀，到高中就会大滑坡的论调后，她就暗下决心："我就不会这样。"高烧稍一退，她就拖着病体上了考场。

最后考了全班第15名，成绩并不坏，但是她最擅长的英语只考了60分，想起曾经自己获得英语演讲比赛第一名的辉煌，她的心里十分失落，整天也没什么精神，连平时喜欢的书法都失去了兴趣。每天在课堂上也不像之前那么积极了，她的好朋友看到这种状况，赶紧跑来陪她。她们一起去逛街、游玩，还时常逗她开心。一段时间后，她的状况开始好转，她又变回了之前开朗的小神童。

李琼正是因为在朋友的陪伴下，才有了积极的态度，摆脱了抑郁的束缚。抑郁的情绪在现代生活中是十分很普遍的，那么怎样走出抑郁呢？

1.正视自己的失败

每个人都有失败或者挫折的经历，它们只是人生的必然经历。一时的失败并不意味着永远的失败，成功者之所以成功，并不是他们没有遇到过挫折、失败，而是他们有对待挫折、失败的正确态度。我们可以从失败的经历中总结出宝贵的经验，为以后的成功做准备。

2.换一种思维方式

打败抑郁最好的方式，就是换一种思维方式。尽管可能还有那么多令人厌烦的事情要面对，但是我们可以把自己的注意力转移到一些积极的活动中去。如果我们把全部的时间都用在痛苦的挣扎中，那么只会加重自

己的痛苦。如果投身积极的活动，也就能转换心情，换一种思维方式看世界，发现生活的别样精彩。

3.听音乐、解抑郁

音乐能直接进入潜意识领域，所以它是驱除心理疾病的一种医疗手段。有关研究结果表明，音乐的旋律、节奏和音色通过大脑的感应，可以引发情绪反应，松弛神经，从而对心理状态产生影响。

当你感到孤独无助，得不到别人的理解，得不到别人认同，对任何事、人、物均提不起兴趣时，不妨听听音乐，放松身心，享受音乐的美。

天有不测风云，人有旦夕祸福。人生的路上总是少不了不良情绪的出现，任何人都曾有过失败、发生一些不愉快事情的经历，我们的情绪也会受到一定的影响。这时，你一定要好好调节自己的情绪，把握好积极这把钥匙，打开心中抑郁的枷锁。

第 04 章

生气不如争气——不拿别人的错误惩罚自己

想办法及时清除生气的根源

有人说："经常性的斗气就好像不断地感冒一样，会很严重地影响自己工作时的表现。"尽管，在斗气的时候，每个人都会意识到这是愚蠢的行为，会严重影响自己的生活和工作，但心中的那团怒火却越烧越旺，难以浇灭。实际上，当怒火攻心的时候，我们应该试着平静下来，找到生气的根源，然后斩草除根，将怒火扼杀在萌芽状态。权威的心理学家也表示：破解怒火的关键是，一定要找到生气的根源在哪里。虽然，在生气的时候，恶劣的情绪会从心中不断地涌现出来，它们如同火山下喷涌的岩浆，不断加温、加热，以至于在最后的时刻爆发出来。不过，如果我们追根究底，却往往发现，那些不断积累怨气的只是一件件微不足道的小事情，由小积大，最终成为我们生气的根源。对此，当我们弄清楚了生气的根源之后，只需要找到合适的办法就可以了。

心理学家认为，一个人心中的怨气是一点点郁积起来的，或许，在刚开始，我们的心情只是稍微有点不愉快，但是，如果这时候再遇到一系列令人头疼的事情，这样的坏情绪就会升温，火势开始迅速蔓延开了，最终所形成的结果无疑于"火山爆发"。生活中，我们明白：阻碍大火向四处

蔓延的惟一有效方法是，彻底消灭火源。到底什么才是那大火的引燃物？自己到底生气的根源是什么？事实上，只有我们自己最清楚，毕竟，在这个世界上，并没有无缘无故的气，它始终是源于一个点。

心理学家讲述了病人的一个案例：

那天，一位貌似大学生样子的女孩走进了我的心理咨询室，刚一坐下，她就开始向我"控诉"："前两天我正在准备一次重要的考试，可是，就在前天晚上，隔壁王阿姨带着一对双胞胎女儿来串门，我暗示王阿姨说，我明天要考试，需要安静的环境。但是，妈妈特别喜欢那对双胞胎，极力挽留王阿姨再玩一会儿，小孩子很顽皮，我本来想静下心来好好复习功课，结果她们在外面嘻嘻哈哈，我一点也看不进去，愤怒之余，内心感到一种委屈，不禁趴在桌上大哭了一场。这时，又想起之前的种种不顺利的事情，结果越哭越伤心，几乎是整个晚上都在哭，第二天感觉晕乎乎的，只得昏昏沉沉地去考试，当然，这次考试很不理想。"

我听完了她的讲述，明白了这是怎么回事，我慢慢帮助她解开生气的源头："这样看来，你似乎挺喜欢生气的，从你刚才的讲述中，我可以知道，你其实有自己的房间，一开始，你也可以告诉两个孩子别闹，说这样会影响自己学习，这样就可以互不干扰了。后来，你在屋子里复习功课，其实，不知道你发现没有，真正扰乱你心绪的并不是小孩呆在家里所发出的声音，而是你内心对于这件事一直耿耿于怀，由于你心里太在乎这件事情，只要意识到小孩的存在，就会感到心烦意乱，更不用说她们真正地来影响你了。"听了我的话，她点点头，说道："嗯，我感到十分委屈，每次我遇到了重要的事情，总是被别人影响，这样，白白浪费了我的许多时间和精力。"

看着她那痛苦而又无奈的表情，我试着用理解的口吻说道："你不要着急，其实，你应该清楚自己为什么总是那么容易生气，主要是你以前处理问题的方式不对。每个人的生活并不可能一帆风顺，总是会遇到这样或那样的麻烦，但是，如果这些问题没有得到及时解决，往往会产生较坏的影响。时间长了，在你心中就形成了这样一种思维定势：一旦遇上问题，就会采取消极的反应方式，诸如发脾气、斗气等，于是，生气就成为了你固定的条件反应。其实，任何事情都是可以解决的，只要你积极地思考，遇到事情不要总是闹情绪或生气，试着平静下来，或者向值得信任的朋友倾诉一番，这样，你的心里就会豁然开朗了。"当她走出我的心理咨询室的时候，我清楚地看见洋溢在她脸上的笑容。

如果在熊熊大火燃烧起来之前，我们能够及时地找到火源，并将其彻底地浇灭，使之不再复燃。那我们易怒的情绪就很容易恢复到平静的状态，这对于我们的工作和生活也是很有益的。

反之，生气的根源如果不被彻底清除，就会变成我们成功路上的绊脚石。有时候，我们之所以失败了，并不是因为缺少机会，或者能力不足，而是生气的根源成为了最大的绊脚石。一旦我们对愤怒的情绪失去了控制，同时我们也会失去了理智，自然也就很容易错过成功的机会，甚至做出一些错误的判断，下一些错误的指令。所以，在愤怒情绪即将爆发之前，我们应该想办法及时地彻底清除生气的根源。

别生气，要笑着接受拒绝

在大多数人的字典里，"拒绝"就等同于"否定"。的确，若是一个人得到对方的认同或者赞赏，那么通常就不会被对方所拒绝。遭到拒绝，必定是因为自己不够出色或者达不到对方的要求。因此，就有了因为被拒绝而灰心沮丧、失去勇气的人，原本绚丽的梦想也因为被拒绝而失去了颜色，丧失了热情。是的，没有人喜欢听到"不"字，没有人喜欢尝试被拒绝的滋味，但是正如一切生命中的权利一样，拒绝也是他人的一项权利，我们无法改变他人的决定，但是可以改变自己的心情与心态，笑着接受拒绝，将它当做成长所必须经历的阶段，把它当作另一种形式的肯定。

比如，若是有人对你说："你没有工作经验，而这是我们所必需的。"那么你大可不必因此垂头丧气，相反，你可以笑着对自己、对别人说："谢谢你说我是一张白纸，因为在一张白纸上作画要比在一张已经被涂抹过多次的纸上作画要轻松得多，也更加容易成功。"假如有人对你说："你太年轻了，不够成熟。"你也不必因此而感到惶惑不安，相反，你可以充满自信地对自己、对别人说："谢谢你说我年轻，年轻也是一种资本。因为年轻，所以我更容易接受新的知识和技能；因为年轻，所以我更有冲劲和活力；因为年轻，所以我没有负担，更能够将时间和精力投入到事业中去。"这种自信和乐观是自我推销中极为重要的要素，它不但可以令你看上去更富魅力，还可以影响对方的情绪和心态，改变对方的观念和思想。即便是对方不改变心意，那又有什么关系呢？你已经肯定了自己，而这才是成功道路上最重要的一点。

《伤仲永》的故事大家耳熟能详，被誉为"神童"的方仲永因为被成

功的喜悦和赞美之声所环绕，最终迷失了自我，"泯然众人矣"。

而明朝嘉靖年间的一位神童却和他有着截然不同的命运，而说起这事情的缘由，竟然是一次"被拒绝"。

这个孩子五岁开始学习经文，6岁时通晓六经大义，12岁时考中秀才，可谓意气风发、风光无限。然而在他13岁时，他却生平第一次尝到了"被拒绝"的滋味。

那是在参加乡试时，当时的考官湖南巡抚对他在场上的对答如流大为赞赏，还当场解下腰带赠予他。但是当他走后，巡抚却暗暗吩咐手下，万万不可让他考中举人。

难道是巡抚大人对这孩子的才学不赏识吗？恰恰相反，正是因为他太爱惜这孩子的才华，所以才不忍心让他和许多因为过早显露才华而不思进取的少年一样，荒废了自己。他是要给这个孩子一些磨难和挫折，令他在磨难和挫折中更加茁壮地成长。

果然，这孩子经过这一次挫折之后，更加发奋刻苦地学习，变得更加沉着而稳健，不但三年后第二次一举中的，并且从此后仕途一帆风顺，最后成为一代名相。

他就是明朝万历年间的内阁首辅大学士张居正，中国历史上少有的治世奇才。

又有谁能够说张居正的"被拒绝"不是一种真正的幸运呢？湖南巡抚当初对他的拒绝，不是对他的否定，相反，这是一种极大的肯定与爱惜。因为有了这次失败，张居正或许才更明白成功的可贵，才学会了在一帆风顺的时候戒骄戒躁，在身处逆境的时候不消沉颓废，因此也才有了他人生和事业的腾飞与辉煌。试想一下，假如他年少得志，又不经历一丝挫折，

就很容易养成骄傲自满、狂妄自大的性格，而这样的人在波谲云诡的朝廷上是很难立住脚跟的，更别谈做一番大事业了。

所以，聪明的你，在遭到别人的拒绝时，不要因此而心怀不满甚至愤恨难平，而是笑着接受拒绝，并将这拒绝当作一种人生的考验和另类的肯定吧！正如丘吉尔所说的："所谓成功，就是不停地经历失败，并且始终保持热情。"一次又一次的拒绝，才能让你一次比一次进步；一次又一次的拒绝，才能让你变得更加富有勇气和毅力。所以，不要害怕被拒绝，这其实是对你人生的另一种肯定和褒奖。只有拥有这种心态的人，才会越挫越勇，才会在成功的道路上将那些因为被拒绝而变得消沉的人远远甩在身后。

拥有乐观心态，事情永远不会太糟糕

佛说："烦由心生。"在很多时候，气是来自于心里，更来源于我们那缺乏阳光的阴霾的内心。因此，不妨学着阳光一点，他人生气我不气，做一个不会生气的智者。在生活中，总是有一些人气性很大，总为绿豆芝麻那样的事情生气，其实，在很多时候，我们只是拿别人的错误来惩罚自己。当犯错的是别人，我们何必要生气呢？当生气的也是别人，我们何苦要生气呢？心态放阳光一点，心胸宽阔一点，即便对方很生气，我们也要保持笑容，暗示自己"我很好""我没有必要生气"，慢慢地，你那激动的情绪就会逐渐平复下来，这时再回想自己刚才的表现，或许就连你自己也会哑言失笑，自己是多么地可笑，竟然为一些不知其所然的事情而

生气？

在美国的一个市场里，一位中国妇女的摊位生意特别好，这引起了其他摊贩的嫉妒。于是，大家总是有意或无意地把自己门口的垃圾扫到她的店门口，出人意料的是，中国妇人只是宽容地笑了笑，从来不计较，还把那些垃圾都清扫到自己的角落。

旁边那位卖菜的墨西哥妇人观察了好几天，忍不住问道："大家都把垃圾扫到你这里来，你为什么不生气？"中国妇女回答说："在我们国家，过年的时候，都会把垃圾往家里扫，垃圾越多就代表会赚很多的钱，现在，每天都有人送钱到我这里，我怎么会舍得拒绝呢？你看我的生意不是越来越好吗？"从这以后，那些垃圾就再也没有出现过了。

本来，中国妇女生意的红火惹来了别人的嫉妒，别人将这种生气的情绪转化为实际行动，他们将自己家门前的垃圾都扫到了中国妇女的摊位面前，本以为这样可以激怒中国妇女，甚至会影响其生意。但是，他们都没有想到，中国妇女不气不恼，反而以阳光的心态面对这件事，即使别人生气了，自己也不生气。更没想到的事情在后面，当别人意识到自己没有生气，那些堆放在自己门前的垃圾也不见了。

哲人说："人生就像一朵鲜花，有时开，有时败，有时候面带微笑，有时候却低头不语。"无论人生这朵花几时开几时凋谢，我们还是依然会过着自己的生活，即便你昨天才遭遇了失恋的打击，但你依然需要保证第二天八点整准时打卡上班，因为没有哪一家公司是可以为那些失恋的人提供假期的，也没有人会关注到你眼眶红了没。因此，为了这样一点小事情，我们值得生气吗？

天空可以收容每一片云彩，不管其美丑，所以，天空变得广阔无比；

高山可以收容每一块岩石，不论其大小，所以，高山变得雄伟壮观。在我们的一生中，烦恼、困惑都是不可避免的，若凡事都斤斤计较、处处斗气，那我们只能整天生活中苦闷里。要想自己活得潇洒、从容，我们就必须拥有阳光的心态，即便他人生气了，我们也不生气，以乐观的心态来面对所有的一切，你会发现事情远没有自己想象中那么糟糕。

摆正好心态，即使天塌下来，也不是什么大不了的事情，还是努力享受眼前的美景。对于那些烦心的问题，如果实在找不到解决的办法，不妨先放一放，等到自己心情完全平静之后，再寻找解决的办法，那时说不定所有的问题都迎来了柳暗花明又一村的光景。

学会变得坚强，不要因为小事而生气

赛捏卡说："愤怒犹如坠物，将破碎于它所坠落之处。"容易生气是人的一种比较卑贱的素质，而能够受它摆布的往往是那些生活中的弱者，当生活遭遇变故或不幸时，他们无法抵御其带来的伤害，于是乎变得容易生气，虽然，他们生气时的样子不可一世，但其内心是比较脆弱的。卡尔多瓦说："人应当有一张用粗绳索编织的荣誉保护网。"对于那些内心情感脆弱的人来说，似乎更需要一张保护自己的网，人们自以为将"生气"当成了可以保护自己的一张网，即便生活出现了一些细小的问题，他们也会选择生气，在他们看来，除了生气，别无其他的办法。实际上，确实是这样，他们只会生气，反复无常地生气，但是，对于事情的解决办法，他们却一点头绪都没有。因此，我们可以判定说，那些容易生气的人是因为

内心情感比较脆弱。

在生活中，我们经常会看到这样的场面：孩子因为一点点事情没有顺着他的心，就会坐在地上或者直接躺在地上，他已经生气了；女人因为家中的琐碎小事，就大吵大闹，闹得不可开交；老人发怒的时候，几乎是用颤抖的手指着儿子说："你这个不孝子！"；一些身患重病或者被告知患了绝症的人，他们会在医院里处处与医生护士作对，只要稍不如意，就摔东西，大喊大叫。诸如此类的场面还有很多，纵观这些场景，我们会发现一个有趣的共同点，那就是，似乎那些脾气不好，容易生气的人都是内心情感脆弱的人，他们可能遭遇过不幸，或许，他们在社会上所被定位的角色就是"弱者"。若是从心理角度分析，正因为他们内心情感脆弱，所以他们才会比较容易发脾气，才会将"生气"当作一种宣泄压力的方式。

罗宾逊是一个农民的儿子，妈妈在他很小时候就离开了人世，村里的玩伴经常取笑他："你是一个没有妈妈的孩子。"他受不了来自别人的怜悯，感觉那是赤裸裸的取笑，当有人好心地说道："这个孩子真可怜！"罗宾逊就会生气地说："不稀罕你的可怜。"说完，还用充满仇恨地眼睛盯着对方。

有一次，罗宾逊看到了一只蜜蜂在花丛中飞来飞去，就想把它抓住再揪掉它的翅膀。可是，没想到自己很倒霉，不仅没有抓到蜜蜂，反而被蜜蜂蜇了一下，一会儿，蜜蜂飞进了蜂巢，罗宾逊被疼痛激怒了，心想：就连一只小小的蜜蜂都来欺负我，我要让你知道我的厉害。罗宾逊发誓一定要报仇，于是，他找来了一根棍子，朝蜂巢捅了几下，顿时，一群蜜蜂飞了出来，向他扑去，蜇得他浑身上下都是伤痕。

内心情感脆弱的罗宾逊心中时刻有一团怒火，他见不得别人的怜悯，

也不喜欢他人的挑衅。甚至，哪怕是一只小小的蜜蜂蜇了自己，他也会怒气冲冲地想要报复，然而，在怒火的蔓延下，罗宾逊自己却吃了不少苦头。当我们的内心情感已经足够脆弱时，若是再陷入"斗气"的泥潭，那只会让我们变得更加脆弱。

在生活中，有三种人容易被激怒：第一，是那些内心十分敏感的人，他们的情感太脆弱，一点点小事就可以刺激到他们。脆弱敏感的人常常容易被激怒，即使有的事情在别人看来是微不足道的，但却总能引起他们的心中的怒火；第二，是那些自认为被轻视的人，他们的内心也是相当的脆弱，对他们来说，来自别人的轻视会令自己怒火中烧，所造成的后果将与伤害一样，甚至是有过之而无不及，因此，轻蔑肯定会激起他们心中的怒火；第三，是自认为名誉受到伤害的人，内心脆弱的人，他们所担心就是自己名誉受到伤害，对他们而言，心中会异常愤怒。

那么，我们应该怎样改掉容易生气的坏习惯呢？首先，我们应该努力让自己的内心强大起来，内心情感越是坚韧，我们就越是可以承受更多的东西；其次，当愤怒的情绪袭来，我们应该努力克制自己，暗示自己"不要生气"，慢慢地将激动的心情平静下来；最后，学会宽容与感恩，这样会让我们的内心变得美好，同时，也变得坚强，从而不会再因为某些小事就生气。

懂得欣赏自己，不跟自己斗气

子曰："不患人之不知己，而患人之不己知。"对于一个人来说，最

担心的事情就是自己不够了解自己，更为关键的是，不懂得欣赏和肯定自己，因为有时候那些莫名其妙的斗气其实是源于内心的自卑。内心自卑，却又追求完美的人习惯了对自己的挑剔，总是觉得自己这里不满意，那里不如意，而那些他们所挑剔的地方都可以成为他们自己跟自己斗气的理由。他们常常会自言自语："如果我再瘦一点就好了""要是我的皮肤再白一点就完美了"。然而，生活哪里会有"如果"，最终，他们的心理会陷入一个反复的过程：在欣赏自己的同时，否定自我，最终将自己否定得一无是处。对此，我们更需要学会欣赏自己，相信自己，因为自信的人是从来不和自己斗气的。

林黛玉刚刚进荣国府的时候，对她就有一句评语："心较比干多一窍。"后来，林黛玉看到史湘云挂了金麒麟，宝玉最近也得到了一个金麒麟，林黛玉便开始生气："便恐就此生隙，同史湘云也做出那些风流佳事来。"于是，林黛玉便去偷听，结果却听到了宝玉厌烦史湘云劝他留心仕途经济的话，宝玉说："林妹妹不说这样的混帐话，若说这话，我也和她生分了。"黛玉听到这样的话，心中想："不觉又惊又喜，又悲又叹。所喜者，果然眼力不错，素日认他是个知己。所惊者，他在人前一片私心称扬于我，其亲热厚密，竟不避嫌疑。所叹者，你既为我之知己，自然我亦可为你之知己，既你我为知己，则何必有金玉之论哉；既有金玉之说，亦该你我有之，则又何必来一宝钗哉！所悲者，父母早逝，虽有刻骨铭心之言，无人为我主张。况近日每觉神思恍惚，病已渐成，医者更云气弱血亏，恐致劳怯之症，你我虽为知己，但恐自不能久持；你纵为我知己，奈我薄命何！"

有一次看戏，大家都看出那个演小旦的有点像林黛玉，只是都不肯

说，史湘云却是快人快语，一下子就说了出来，林黛玉感觉到自己受辱了，马上就生气了。怕黛玉生气，宝玉使眼色给史湘云，本来宝玉是一片好意，黛玉却是更加生气。

后来，黛玉说起宝琴来，想到自己没有姊妹，不免心中怨气，又哭了，宝玉忙劝道："你又自寻烦恼了，你瞧瞧，今年比去年越发瘦了，你还不保养，每天好好的，你必是自寻烦恼，哭一会儿，才算完了这一天的事。"黛玉拭泪道："近来我只觉得心酸，眼泪却好像比旧年少了些的，心里只管酸痛，眼泪却不多。"宝玉说道："这是你平时哭惯了心里疑的，岂有眼泪会少的！"

林黛玉自己也明白，自己的病是因性情所起，但是，她却没有为之做出改变，真是令人叹息。虽然，林黛玉各方面条件都不差，但是，父母都已经不在人世，自己又寄人篱下，心中未免有点自卑，这成为了其怨气的根源。在林黛玉身上所体现出来的特点是：既才华出众，却又多疑多惧，甚是自卑。很多时候，她不懂得欣赏自己，自然就没有办法快乐起来，越是跟自己斗气，心病也就越来越重。

有一个衣衫不整、蓬头垢面的女孩，她长得很美，不过，总是表现得满脸怒气。有人跟她聊天，她也显得心不在焉，聊天的人都沉默了。有一天，一位心理学家惊讶地告诉她："孩子，你难道不知道你是一个非常漂亮、非常好的姑娘吗？"

"您说什么？"姑娘有些不相信地看着对方，美丽的大眼睛里有泪，更多的是惊喜。原来，在生活中，她每天所面对的都是同学的嘲笑、母亲的责骂，在这样的过程中，她已经失去了自信，而自卑则成为了她斗气的根源。

心理学教授威廉·詹姆斯说："世界精神太忙碌于现实，太驰骛于外界，而不遑回到内心，转回自身，以徜徉自怡于自己原有的家园中。"世界上没有两个完全相同的人，每个人都是作为独立的个体，在我们身上有许多与众不同的甚至优于别人的地方，这是每一个人值得骄傲的地方。我们完全有理由肯定并欣赏自己，这会有效地提升我们的自信，同时，也会彻底清除内心的怒气和怨气，从此自己不再跟自己斗气。

有这样一句话："人活着，或许有不少人值得欣赏，但你最应该欣赏的应该是你自己。"不管我们自己身上有多少缺点，都不要自卑，更不要嫌弃它，我们应该变得自信起来，以一种欣赏的眼光来看待自己，因为这个世界更需要一份独特的美丽。

学会思考，克制动辄生气的弱点

著名作家大仲马说："你要控制你的情绪，否则你的情绪便会控制了你。"对此，耶鲁大学组织行为教授巴萨德说："有四分之一的上班族会经常生气。"如此看来，人们经常受到不良情绪的干扰，而且，稍有不慎，情绪就会成为我们的主人。有人这样形象比喻："经常性的生气就好像不断地感冒一样。"在日常生活中，如果我们想要避免感冒的侵袭，通常的做法是保护自己的身体，这样，感冒的病毒就不会传染到自己的身上。负面情绪与感冒一样，如果我们没能做好预防工作，无可避免地，会常常生气或感冒。因此，为了不让坏情绪的毒传染到自己，我们应该做好一级防护。

生气，是一个人由于自己的尊严或利益受到伤害而产生冲动的情绪，并且这样的状态很难一下子就冷静下来。对此，心理学家认为，生气是人的弱点，所谓的大胆和勇敢，并不是动辄生气，而是学会思考，学会克制自己内心的冲动情绪。

1.学会冷静思考

阻止不良情绪的蔓延，就如同抵制感冒的侵袭，我们应该增强自身抵抗能力，善于思考，努力使自己变得平和，这样，即使情绪怒气冲冲而来，我们也能将它阻拦在外，冷静处理事情。当然，为了避免怒气的蔓延，我们所需要做的防护工作主要在于学会思考，冷静，使自己在怒气来临时变得平和，这样，我们才能有效地避免盲目冲动。

2.不断地设想这件事的好处

如何才能做到冷静思考呢？对此，爱德华·贝德福这样说道："每当我克制不住自己冲动的情绪，想要对某人发火的时候，就强迫自己坐下来，拿出纸和笔，写出某人的好处。每当我完成这个清单时，内心冲动的情绪也就消失了，便能够正确看待这些问题了。这样的做法成为了我工作的习惯，很多次，它都有效地浇灭了我心中的怒火，逐渐，我意识到，如果当初我不顾后果地去发火，那会使我付出惨重的代价。"贝德福有这样的习惯，其实是得益于自己早年所经历的一个故事。

第 05 章

别乱发脾气——多些忍让生活更阳光

学会忍耐，让你受益无穷

忍耐，也是需要灵活多变的，不仅仅是一味地消极退让。在生活中，如果是对于自己力所能及的事情，遇到了困难就退缩不前，并且将这样的退让当作是忍耐，这种认识是不可取的；在面对邪恶，害怕引火烧身而设法忍耐，这样的忍耐有悖正义。忍耐哲学的融会贯通，不仅需要将忍耐发挥到最高的境界，而且还要学会在忍耐中有所获得。忍耐什么，怎么忍耐，什么时候忍耐，都需要具体情况具体分析。在人生路上，面对那些不可能实现的目标，暂时的忍耐，其实是为了再次前进积蓄力量，这样的忍耐是保存实力，是一种明智的忍耐。有时候，为自己的利益得失所做出的忍耐，这是一种智慧，我们应该明白，开始的忍耐并不是懦弱，而是为了赢得最后的成功。

俗话说："好汉不吃眼前亏。"但在生活中，有时忍受点小亏反而会获得更大的利益。传统的中国人一向提倡"以忍为上"，这本身就是一种玄妙的处世哲学，更是一种融会贯通的忍耐智慧。在实际生活中，凡是不能忍受吃亏的人，往往吃尽了苦头。坚韧的忍耐精神是一个人意志坚定的表现，更是一种为人处世的智慧。人生难得事事如意，学会忍耐，适时退

却，反而可以获得无穷的益处。刘邦与项羽在成雄争霸、建功立业上，就表现出了不同的态度，最终也得到了截然不同的结果。著名词人苏东坡在评判楚汉之争时曾说："项羽之所以会败，就因为他不能忍耐，不愿意吃亏，结果白白浪费了百战百胜的勇猛；汉高祖刘邦之所以能胜，就在于他会忍耐，懂得吃亏，养精蓄锐，等待时机，最后夺取胜利。"在生活中，无论在什么样的情况下，勇气都不是一味地冲锋陷阵，而是懂得忍耐，也就是有勇有谋，这才是忍耐的灵活之处。

在明朝时期，尤老翁在苏州城里开了一个典当铺，这位尤老翁平时最懂得忍耐，因此，无论是街坊邻居，还是外来客人，都喜欢跟他打交道。

有一年快到年关的时候，尤老翁正在屋里盘账，忽然听到外面有吵闹的声音，于是就匆匆地跑了出去。到了柜台，他看见穷邻居赵老头正在与自己的伙计吵架。尤老翁明白，这个赵老头是一个蛮不讲理的人，他没去问个究竟，就先将伙计们训斥了一遍，然后好言向赵老头赔个不是。然而，赵老头表情依然像刚才一样，丝毫不给尤老翁面子，还是板着脸孔，站在柜台前不说一句话。

这时，心中委屈的伙计悄悄对老板尤老翁说："老爷，他前些日子当了一些衣服，现在还当衣服的钱，却硬是要将衣服拿回去。我要向他解释，他竟然破口大骂，我真的不知道该怎么办才好。"尤老翁也知道不是自己伙计的过错，他先吩咐伙计去照料其他的生意，亲自来应付这个蛮不讲理的赵老头。忽然，他头脑中想到了办法，快速走到赵老头的旁边，语气恳切地说："老人家，不要再对刚才的事情耿耿于怀了，不要跟我的伙计一般见识，你就消消气吧，大家都是熟人，我不会介意这种小事的，衣服你就拿过去穿吧。"

不等赵老头回答，尤老翁就吩咐伙计将其典当的衣服拿过来。但赵老头似乎一点也不感激，拿起衣服就走。而尤老翁并不在意，而是含笑拱手将老头送出大门，然而就在这天夜里，那个赵老头竟然死在了另外一家典当铺里。

原来，这位赵老头负债累累，家产早已经典当一空，走投无路之下，他寻了短见。他预先服下了毒药，先来到尤老翁的当铺吵闹，想以死来敲诈钱财，没想到尤老翁一向善于忍耐，宁愿自己吃亏也不跟他计较，他觉得敲诈这样的人实在不忍心，就决定离开尤老翁的典当铺。就这样，他来到了另外一家当铺，结果毒性就发作了。后来，赵老头的亲属向官府控告这家店铺逼死了赵老头，与他打了好几年的官司。最后，那家店铺筋疲力尽，花了很多钱才将这件事摆平。

事后，尤老翁只是说："我也没想到赵老头会走到这条绝路上去，我只是想如果有人无理取闹，我不会和他硬碰硬，我会尽可能地忍耐，退一步来处理这个问题。哪怕是吃点亏，我觉得也没什么大不了的。"再回过头来看这件事情，正是尤老翁的忍耐让他躲开了大的灾难。

俗话说："严于律己，宽以待人；能容人之短，让人之过。"忍耐可以反映出一个人的修养和度量，它是一种升华个人品质的素质。虽然，我们从小就接受着懂得忍耐的教化，但我们也需要记住：忍耐是有限度的，一味地忍耐，很容易会让人感觉到你的软弱表现，一个软弱的形象是很容易让人瞧不起的，从而导致在以后的交往中被更多的人轻视和欺负。一味地忍耐还会容易让人觉得你很没有主见，分不清是非。若是在忍耐的同时，总在是非问题上妥协，时间长了，连自己也搞不清楚哪些是对的，哪些是错的。若是在原则问题上一味地忍耐，通常会害了自己。

在生活中，忍耐需要有个度，如果有人无意中冒犯了你，为了体现自己的宽容大度，我们当然选择忍耐。但如果对方是有心为之，而且给你带来很大的伤害，甚至对你的尊严造成了威胁，那当然不能忍耐。人需要忍耐，但凡事都以忍耐待之，那就不叫忍耐，而是怯懦了。对于我们而言，千万不能忍无止境，而是需要保持自己的骨气，拿捏好忍耐的"度"。

适时忍耐，巧装糊涂躲开攻击

在生活中，一个人心中太明白，精明过人，并不一定就是一件好事。我们应该明白，太精明，在别人看着这就是犯傻，忍耐有时候就是装糊涂，凡事不能表现得太聪明，这样反而对事情很有利。古人曰："水至清则无鱼，人至察则无徒。"确实是这样，一个人若是过分表现出精明强干的一面，这可以说是一件坏事。不管是做事还是做人，假装迟钝一点，傻一点，糊涂一点，往往会比太聪明的人活得更智慧。在平时的交往中，我们最好的技巧就是在必要时装糊涂，哪怕是面对他人的攻击，我们也需要适时装糊涂，避重就轻，轻轻松松化开彼此之间的尴尬。装糊涂是忍耐的一门大学问，也就是自己心里明白，却假装糊涂，这是因为装糊涂是忍耐做人的技巧。

面对他人的攻击，揣着明白装糊涂，学会弯腰低头，那是一种做人之道，更是一种生存之道。如果你的反应太过于激烈，太过于直接，那将造成两人大动干戈的场面，而恰恰是交际场合中的大忌。不管是他人的尖酸刻薄，还是不怀好意，我们都需要忍耐，适时装糊涂，故意曲解对方的意

思，或者幽默面对。巧妙地装糊涂才是一种真聪明，才能显示出真智慧，不但给双方的关系涂上了润滑剂，建立了和谐友好的关系，还能使整个场面变得轻松愉快。相反，如果你太在意别人的言语，对之则是恶语相向，那必将使整个场面陷入僵局。

在一次记者招待会上，一位西方记者问周总理：“请问，中国人民银行有多少资金？”周总理听出他是在讥笑中国贫穷。对此，周总理并没有正面回答，而是巧装糊涂、避实就虚地说：“中国人民银行货币资金嘛，有8元8角8分。”接着，周总理做了这样的解释：“中国人民银行发行面额为10元、1元、5元、2元、1角、5角、2角、1分、5分、2分，合计为18元8角8分。中国人民银行是由全国人民当家作主的金融机构，为全国人民做后盾，信用卓著，实力雄厚，它所发行的货币，是世界上最有信誉的一种货币，在国际上享有声誉。”

周总理举行记者招待会，介绍我国建设成就。这位记者提出这样的问题，有两种可能性，一种是嘲笑中国穷，实力差，国库空虚；一个是想刺探中国的经济情报。周总理在高级外交场合，却显示出机智过人的幽默风度，他假装糊涂，忍耐外国记者的犀利提问，并曲解对方的意思，作出了“中国人民银行发行的面额为10元、5元、2元、1元、5角、2角、1角、5分、2分、1分的10种主辅人民币，合计为18元8角8分”这样的精妙回答。这样的回答不仅体现了周总理忍耐的风度，同时也让提问的记者哑口无言。

里根就任美国总统之后，有一次到加拿大访问。当时有许多在场的反美示威的群众，里根的演讲不断被反美示威的声音打断，加拿大总理特鲁多显得很不自在，似乎这是自己在攻击美国总统一样。没想到，里根却笑

着说："这种事情在美国经常发生，我想这些人一定是特意从美国赶到贵国的，他们想让我有一种宾至如归的感觉。"这装糊涂的话，让特鲁多立即眉开眼笑了，原来美国总统并没有在意本国民众进行反美示威的行为，一时之间，对这位心胸宽广的美国总统更是敬佩。

巧装糊涂，不仅能摆脱自己的尴尬处境，同时也能带给对方轻松感，从而使气氛变得更加和谐，更有利于沟通。装糊涂的幽默和平和的人生态度是生活中不可或缺的元素。一个人是否懂得忍耐，也是对一个人的一种观念、素质、能力的检验。适时忍耐，不仅可以给人们带来轻松的笑意和愉悦的心情，还可以帮人化解危机，应付窘境，以更轻松、包容的心态看待人生。

木秀于林，风必摧之，当人们看到比自己优秀的人时，总会感到危险，因为如果我们的能力太强，就会让别人觉得自己要失去表现的机会。在这样的情势下，他难免会对你说几句刺耳的话语，对你保持戒心，在这时，如果我们巧装糊涂，随口说几句话搪塞过去，那肯定会相对地化解对方心中的敌意。如果我们表现得很强势和直接，那对方有可能会对我们产生敌意。在这样的情况下，我们唯有试着装傻充愣，这时候的忍耐是为了保护自己，避免让自己处于危险的人际关系之中。

用一时的忍耐换长久的安乐

人们常说，小不忍则乱大谋。这句话其实是几千年前的孔子圣人说的，"巧言乱德，小不忍则乱大谋。"这句话告诉我们，一个人如果总是

油嘴滑舌，就会导致品德败坏，如果总是不能忍耐，就会导致事与愿违。由此可见，谨言慎行和忍耐，都是非常重要的，对于我们的人生都有至关重要的影响。

当然，忍耐并不是一件容易的事情。所谓忍字头上一把刀，要想真正忍耐，还是很难的。一个人要想忍耐，必须拥有宽容的胸怀和高尚的气度，也有拥有极高的智慧，这样才能知道自己何时应该忍耐，何时应该不再忍耐。很多通晓处世哲学的人都对忍耐推崇备至，的确，即便有着再多的处世哲学，忍耐都是人安身立命之本。人生在世，不可能时时处处都顺遂如意，也不可能遇到的每个人都是自己喜欢的人。在情绪起伏不定的时候，如果能够忍耐，就能避免发脾气，如果不能忍耐，就会导致乱发脾气，由此一来，我们又如何让自己的人生一帆风顺呢！

自古以来，有很多事例都是关于忍耐的。诸如韩信当年如果不能忍耐胯下之辱，也许早就因为杀人之罪锒铛入狱了，越王勾践如果不能忍受在吴国的卑贱生活，心甘情愿地作为吴王的仆人伺候吴王，那么他就不可能最终消灭吴国。虽然我们未必能够像韩信和勾践一样青史留名，但是作为普通人，在面对人生中的坎坷和挫折时，我们同样需要有忍耐的精神，这样才能忍得一时，从而换来人生的顺遂如意。

春秋末期，吴国攻打越国，活捉了越王勾践，将其带到吴国当仆人。曾经作为越国国君的勾践原本高高在上，转眼之间却成为吴国的阶下囚，而且还要亲自伺候吴王，可谓是不可忍受。然而，勾践为了有朝一日能够为国家报仇雪恨，最终选择了忍气吞声。他不但老实本分地伺候吴王的马匹，而且还主动要求去给吴王的父亲看守墓地。在吴国的时间里，勾践始终安守本分，从未表现出任何抗拒的举动。最终，吴王终于对他失去警惕

心理，以为勾践已经死心塌地地降服吴国，所以放勾践回到越国。

回到越国之后，勾践没有恢复锦衣玉食的生活，而是继续粗茶淡饭，而且带着他的妻子一起辛勤地劳作。为了提醒自己记住曾经的耻辱，勾践夜晚不睡在床上，而是睡在柴草堆上。他还在饭桌上方悬挂了一个苦胆，每次吃饭之前都会舔一舔苦胆，让自己不要忘记曾经的苦难。就这样，勾践率领越国全体民众励精图治，把国家变得国富民强。为了麻痹吴王，他还把绝世美女西施送给吴王，这样一来，吴王更加沉迷于美色，荒废国事。果不其然，在二十年里的时间里，越国越来越强生，吴国却变得衰弱。最终，勾践率领大军一举消灭吴国，吴王成为亡国奴，拔剑自刎。

假如勾践不能潜下心来忍受在吴国的屈辱，就不可能回到越国。正是因为他把自己伪装得很好，处处忍耐，最终才能麻痹吴王，得以回到故国，励精图治。朋友们，人生之中很多时候都是需要潜伏的，唯有付出时间，我们才能收获成就。当然，人生之中需要忍耐的事情很多，不但需要忍耐一时之气，也要忍耐不如意，忍耐灾难与坎坷。尽管我们只是普通人，人生未必会大起大落，但是为了使我们的人生更加顺遂如意，所以我们必须学会忍耐。

具体该怎么做呢？

1.人生总是有高潮有低谷的，然而，即便遭遇人生的不如意，我们也要极富忍耐精神，这样才能度过人生最艰难的时刻。

2.人生不如意十之八九，面对人生的不如意，我们必须保持理智，时刻忍耐，才能让自己获得梦寐以求的成功。

3.真正的强者，不但有勇有谋，也很善于忍耐。只有忍得一时，才能一生平顺。

忍耐是厚积薄发，也是有气度的表现

通常情况下，人们对于那些忍让之人都嗤之以鼻，觉得他们一定是因为怯懦无能，所以才对一切都忍气吞声。然而，我们必须告诉大家，忍耐非但不是怯懦，而且是拥有气度之人的表现。一个人要想真正做到忍耐，宠辱不惊，则一定要有开阔的胸襟和高尚的节操。尤其是在人际交往中，面对复杂的人际关系，忍耐更有可能是以退为进，等到合适的机会崛起。所以说，忍耐是厚积薄发，是一种聪明机智的策略，也是有气度的表现。

现实生活中，很多人不想忍让，不管遇到什么人还是什么事情，总是第一时间就爆发，与他人争长短，想为自己赢得面子。殊不知，这恰恰是让自己丢面子的行为，因为如果你没有弄清楚事情真相就肆意反驳他人，你最终很有可能因此贻笑大方。真正的智者，面对生命的困境，面对他人的委屈和误解，不会当即就不分青红皂白地抱怨或者为自己辩解。相反，他们知道事实胜于雄辩，一切的反驳都不如事实来得更有力。此外，他们也有可能因为隐忍，反而得到更多的好机会，从而让自己的人生更加谦和，也更加平顺。

常言道，人在屋檐下，不得不低头。很多时候，并非我们愿意忍让，而是要审时度势，顺势而为，这样才能让自己走出困境，走入人生的开阔地带。要知道，低头并非简单的认输。就像很多人曾经看过斗牛一样，那些勇猛的牛在发起进攻的时候，一定是低下头，积蓄力量，顺势而为的。人生也应该如此，也许我们此时此刻的沉静内敛，为的就是有朝一日扬眉吐气。自古以来，无数人因为忍让等待到好的时机，一飞冲天，也有很多人因为忍让，成就了千古留名的伟大事业。作为普通人，虽然我们不会名

垂千古，但是我们也有属于自己的成功人生。任何时候，唯有成就自己，才能创造最美好的未来。

作为香港的大富豪，李嘉诚每次在与他人正式签约做生意之前，总是"陷入思考"。有人问他在想什么，他回答正在计算对方的利润。他说，假如我觉得对方在这笔生意中利润很少，我就会让利给他。众所周知，大多数人做生意都恨不得赚得盆满钵满，但是李嘉诚却更愿意为合作伙伴着想，难道他自己不想多赚一些吗？其实不然，李嘉诚这么做，正是为了多赚一些。因为假如合作对象盈利很少，必然导致合作后期非常困难，而李嘉诚把一部分利润让给对方，实现共赢，未来的合作也就会更加顺利，当然他也能够因此赚到更多的钱了。

李嘉诚不仅本人如此经营生意，而且还把道理教给儿子李泽楷，所以李泽楷在和人做生意时，总是让出一小部分利润给别人，因此大家都愿意与他合作做生意，他的生意非但没有因为让出部分利益而赚少了，反而因此赚得更多，生意异常火爆。从表面看来，李嘉诚父子做生意貌似不够精明，实际上，他们的让利行为正是他们事业成功的重要秘诀。

美国著名的"钢铁大王"卡耐基也很善于忍让。在成为"钢铁大王"之后，他有一次与竞争对手布尔门铁路公司展开了竞争，只为了赢得与太平洋铁路公司合作卧车的机会。为了投标成功，他们彼此都不断降低价格，最终居然在利润几乎为零时，彼此仍在较劲，谁也不愿意退让一步。有一天，卡耐基在旅馆门口遇到了布尔门，他突然面带笑容主动向着布尔门伸出手，说："我们这么做，真的是鹬蚌相争，渔翁得利啊。"说完，卡耐基当即向布尔门示好，布尔门也尽释前嫌，但是因为顾及到新公司中谁占据主导地位，所以他对于合作并不十分感兴趣。在布尔门处心积虑地

问新公司如何命名时，卡耐基几乎毫不迟疑地说："布尔门卧车公司！"就这样，他以忍让的精神彻底打消了布尔门的疑虑，接下来他们合作得非常愉快，全都获得了巨大盈利。

人们都说商场如同战场，然而作为杰出的企业家，卡耐基很清楚在利益面前没有永远的敌人。他主动与布尔门和好，而且还退让一步，让布尔门占据合作中的主导地位，由此实现了两家公司之间的顺利合作，互助共赢。

朋友们，不管是在日常生活中，还是在工作中，我们也应该处处谦让，这样我们才能更好地与他人相处，也才能赢得他人的认可和尊重。例如在与朋友相处时，有了好处或者好机会让一让，朋友一定不会忘记的；在公司中，当与同事有了利益之争时，也不妨让一让，这样才能赢得同事们的好感，也才能在未来的工作中合作顺利。很多人之所以与身边的人关系紧张，就是因为他们斤斤计较，总是以短视的目光盯着眼前的好处，却不知道自己已经失去了他人的认可。很多时候，所谓的"利"无法给我们带来真正的好处，反而会使我们身心俱疲，因小失大。

那具体应该怎么做呢？

1.利益面前让一分，我们才能像李嘉诚一样赢得更多的利益；人际关系中让一分，我们才能得到他人的尊重和真心拥戴。

2.忍让，不但是人生处世的哲学，也是一种极高的智慧。忍让的人懂得以退为进，也懂得以舍获得。

3.关键时刻的忍让更能彰显出你的气度，使你成为真正的赢家，笑到最后。

求同存异，是忍耐的智慧

古人曰："人有才能，未必损我之才能；人有声名，未必压我之声名；人有富贵，未必防我之富贵；人不胜我，固可以相安；人或胜我，并非夺我所有，操心毁誉，必得自己所欲而后已，于汝安乎？"在生活中，两个人才能不分伯仲，那是常有的事情，对于这样的情况，我们需要忍耐，竭力求同存异，而不是非要争出高低才罢休。俗话说："两虎相争，必有一伤。"争斗的结果必定是存在伤亡的，甚至两败俱伤，这样的结果是任何人都不想看到的。因此，为了避免这种场景的发生，我们应该学会忍耐，以包容的心态接纳那些跟我们能力相当的人，或者说敬仰那些比我们更优秀的人。对于彼此的意见和想法，需要求同存异，致力于达到统一的意见，这才是忍耐的智慧。

在生活中，那些不能忍受求同存异，一定要争出高下的人，其实是源于其内心的嫉妒。嫉妒，就是毒害纯洁感情的毒药，是吞噬善良心灵的猛兽，是丑化面容的黑斑，究其根源，是自己心中的狭隘与不自信。其实，仅仅因为别人比自己太优秀，就想与之比较，心生嫉妒之心，那是一种无能的表现，因为自己不能达到对方的高度，不能获得对方的荣誉，只好用嫉妒心理来维护自己的自尊。由于内心的狭隘，不自信，不懂得忍耐，所以人们才会产生嫉妒之心，以至于想要跟别人比高低，争出个结果，以此展现自己比他人更优秀。但殊不知，心里越是狭隘的人，他们往往会在比较中处于下风，眼看着别人比自己优秀，心里那种怨恨在纠缠，最终郁郁不得志。虽然，每个人都有嫉妒之心，但如果这样的心理不能及时根除，那嫉妒就会越来越紧地束缚我们的内心，让我们的心灵透不过气来。

在《三国演义里》，有众人皆知的"诸葛亮三气周瑜的故事"：

赤壁之战结束后，孙刘两家均欲取荆襄之地，如此一来，才能全据长江之险，与曹操抗衡。刘备屯兵在油江口，周瑜知道刘备有夺取荆州的意思，便亲自赶赴油江与刘备谈判。谈判之前，刘备心中忧虑，孔明宽慰说："尽着周瑜去厮杀，早晚教主公在南郡城中高坐。"后来，周瑜在攻打南郡时付出了惨重的代价，不仅吃了败仗，而且，自己还身中毒箭，不过，周瑜还是将曹仁击败。可是，当周瑜来到南郡城下，却发现城池已经被孔明袭取，周瑜心中十分生气："不杀诸葛村夫，怎息我心中怨气！"

周瑜一直想夺回荆州，先后与刘备谈判均无好的结果，这时，刘备夫人去世。周瑜便鼓动孙权用嫁妹之计将刘备诱往东吴而谋杀之，继而夺取荆州。没想到此计又被诸葛亮识破，将计就计让刘备与吴侯之妹成了亲。到了年终，刘备以孔明之计携夫人几经周折离开东吴，周瑜亲自带兵追赶，却被云长、黄忠、魏延等将追得无路可走。顿时，蜀军齐声大喊："周郎妙计安天下，陪了夫人又折兵！"这次，周瑜气得人差点昏厥过去。

过了一段时间，周瑜被任命为南郡太守，为了夺取荆州，周瑜设下了"假途灭虢"之计，名为替刘备收川，其实是夺荆州，不想再次被孔明识破。周瑜上岸后不久，就有大陆人马杀过来，言道"活捉周瑜"，周瑜气得箭疮再次迸裂，昏沉将死，临死前还长叹："既生瑜，何生亮！"

莎士比亚说："您要留心嫉妒啊，那是一个绿眼的妖魔！"周瑜本聪明过人，才智超群，但却心胸狭隘，不懂得忍耐，对于比自己技高一筹的诸葛亮耿耿于怀，心生嫉妒，最终落得个气绝身亡，怀恨而死的下场。既然两人的智谋不平上下，那就应该求同存异，以宽阔的胸怀包容对方的优秀。心怀不满，甚至嫉妒都是一种病态心理，宛如毒药，周瑜被嫉妒的心

态所缠绕，最后，无疑是自饮毒酒。我们不难发现，嫉妒来自于两方面，一是心胸狭窄、狭隘，二是不懂得忍耐。试想，如果周瑜能够心胸开阔，懂得忍耐，并对自己充满自信，他也不会英年早逝。

当然，想与他人一较高低的行为与心态都是有等级性的，也就是说，只有处于同一竞争领域的两个竞争者才会有这样的心理和行为。通常情况下，他们只会对那些与自己处于同一个竞争领域的比自己表现优越的人产生不满，而不会对与自己不是在同一个领域中的人产生嫉妒。周瑜非要与诸葛亮争个高低，也是因为诸葛亮与自己处在同一个领域，而且他始终忍不过诸葛亮比自己强，但他不会去想与另外一个领域的，比如曹操、孙权一较高低。

曹丕忌曹植，终留下了把柄："煮豆燃豆萁，豆在釜中泣。本是同根生，相煎何太急。"对自己的不自信，以及内心的狭隘，往往会使我们的好胜心愈加严重，若不及时抽身而出，反而会被这种纠缠的心理所吞噬。争强好胜的人自私而狭隘，他们往往自大，总想高人一等，容不下比自己强的人，看到身边的人超过了自己，不是设法贬低对方，就是想办法与之一较高下。生活在世，我们更需要求同存异，学会正视自己，扬长避短，学会忍耐，以豁达、洒脱的心态走出广阔的天地。

不图一时之快，才能等到成功的机会

俗话说："小心驶得万年船。"忍耐的智慧之一就是需要细心，冷静地研究，凡事多想一步，安全就会长久一点，千万不能图一时之快，我们

需要记住这样一句话：图一时之快，酿终身苦果。我们每个人都听过"亡羊补牢"的寓言故事，羊已经被狼叼走了，才想要修补羊圈，这似乎对事情本身起不了太大的作用。在现实生活中，许多人都是在做着"亡羊补牢"的事情。在事情开始之前，考虑不周到，到事情发生至中途，才想到需要补救的措施，而这时候，事情的发展已经不受自己控制了。无论是做人还是做事，我们都需要忍耐三分，当情况已经到了危急关头，暂时忍耐一下，不能逞口舌之快，更不能逞一时之勇，这都是毫无思考之下的鲁莽行为，最终所带来的将是残酷的教训。俗话说："万事烂熟于心。"不管面对的是何人何事，我们都需要牢记其中的每个环节，每个细节，并预想事情的发展、走向，这样才不会影响到整个大局。

隋朝的时候，隋炀帝十分残暴，各地农民起义风起云涌，在他领导下的许多官员也纷纷倒戈，投向了当地的农民起义军，面对这样的情况，本来就有疑心病的隋炀帝更加胡乱猜疑，他不再相信任何一个大臣，对谁也不轻信。面对朝中大臣，尤其是外藩重臣，一旦有什么风吹草动，就开始猜疑了。

当时，唐国公李渊，曾多次担任中央和地方官，他每次到一个地方任官，都会有意识地结交一些当地的英雄豪杰，显示了自己的恩德，因而成就了很高的威望，许多人都纷纷慕名而来，归附于他。看着李渊结交了越来越多的勇士，他身边的朋友都替他担心，怕他会遭到隋炀帝的猜忌。而正在这时候，隋炀帝下诏让李渊到他的行宫去晋见。李渊因病未能前往，隋炀帝很不高兴，多少有点猜疑之心。当时，李渊的外甥女王氏是隋炀帝的妃子，隋炀帝向她问起李渊未来朝见的原因，王氏回答说是因为病了，隋炀帝又问道："会死吗？"王氏把这消息传给了李渊，李渊更加谨慎起

来，他知道隋炀帝对自己起疑心了，虽然，他内心对隋炀帝极其厌恶，甚至恨不得马上推翻他所统治的隋朝，但现在自己手中力量有限，还不足以起事，不能图一时之快，将所有起事的将领士兵的性命置之不顾，在这样的考量之下，李渊只好低头隐忍，等待时机。

于是，他故意广纳贿赂，败坏自己的名声，整天沉湎于声色犬马之中，而且大肆张扬。隋炀帝听到这些，果然放松了对他的警惕。

那些凡事能够隐忍的人，总是以低姿态示人的人，最后都会获得成功，这是一种低调处世的智慧。试想，如果当初李渊不够隐忍，只图一时之快，意气之下就草草起事，很有可能就因为自己力量不足而被隋炀帝除掉了，也就没有后来的太原起兵和大唐帝国的建立了。在这里，忍耐并不是一种懦弱，而是一种素养，一种能力，一种美德，更是一种低调的智慧。虽然，忍耐是只言片语就能明白的道理，但却是就其一生需要读懂的道理。只有学会了忍耐，才有可能做出一鸣惊人的举动；只有学会了忍耐，才能够忍凡事而成就大事；只有学会了忍耐，才会看见那最后一抹夕阳。

"冲动是魔鬼"，这话说得很深刻。在生活中，人们出于本能，往往在诸多事情上咽不下一口气，总是图一时之快，逞一时之勇，以至于事后后悔不已："我这是何苦呢？"实际上，不图一时之快，才能等到真正可以带来成功的机会，反之，图一时之快则会酿成终身苦果。

在生活中，我们不要图一时之快，有时候，虽然我们看到前方貌似是绝路，但生活就是变化莫测的，人生的希望往往在转角处。既然生活本来是一个圆，我们又何必执着于一时呢？图一时之快的人永远不会成功，他们最终只会自食其果，而且是难以咽下的苦果。只有当我们懂得变通的时候，才可以在人生的道路上无往不利，最后走出顺畅的人生之路。

第 06 章

释放不安情绪——清除内心垃圾

及时发泄不良情绪，让自己变得轻松惬意

现代社会，生活节奏越来越快，工作压力越来越大，尽管人们的生活水平随着社会的发展极大提高，但是人们的内心也变得更加焦灼不安。所以，现代社会跳楼的、自杀的、做出恐怖行为的，越来越多，简直防不胜防。现代社会人虽然挣钱越来越多，却严重缺乏安全感。相比之下，尽管几十年前人们挣得很少，但是却和睦安宁，很少有矛盾与纠纷。大家在呼喊着一切向前（钱）看的同时，人情味变得越来越淡，导致彼此之间的利益纠纷也更多。

现代社会是市场经济，一切都以效率为准。在如此巨大的压力下，假如我们不能做到及时清除心理垃圾，必然会因为生活中的负面情绪导致自身郁郁寡欢，最终无法承受。我们之中的很多人未免有些本末倒置，虽然打着为家人创造美好幸福生活的口号四处奔波忙碌，回家之后却把工作中的情绪带回家里，导致家里人也跟着提心吊胆，郁郁寡欢，这岂非得不偿失吗？要知道，工作是为了创造美好生活，而不是破坏生活。为了让生活始终幸福快乐，我们必须摆正工作和生活的关系，从而才能全心全意地工作，快快乐乐地生活。当然，清除心理垃圾的方式也是不拘一格的，只要

合理合法，能够起到良好的效果，我们就可以采用各种各样的方式。诸如向信任的人倾诉，写日记，发日志，或者是发朋友圈，和朋友一起出去唱歌喝酒等，还有人会在心情不好的时候进行郊游，这些都是可取的。我们应该根据自身的实际情况，选择最适合自己的方式，及时发泄不良情绪，让自己变得轻松惬意。

　　原本，李伟是个工作狂，因为从事销售工作，所以他一直都很拼命，哪怕周六日，也从来不休息。渐渐地，李伟的妻子彤彤有意见了，她总是抱怨："人家工作是为了生活，你为了工作彻底放弃了生活。别人家的孩子周末都有父母陪着出去玩，咱们家的孩子周末只能窝在家里。"对此，李伟总是以为了家庭为由搪塞过去。

　　有段时间，李伟在工作上出了些状况，原本公司准备提拔他当区域总监的，却因为一些事情耽搁了。为此，李伟心情很不好，每次回家都面色凝重。有的时候孩子亲昵地缠着他讲故事，他还会非常生气，大发雷霆。一天傍晚李伟下班回到家里，孩子不小心把他的笔记本弄得死机了，他居然狠狠地揍了孩子两巴掌。正在厨房准备晚餐的妻子赶过来，一看到孩子屁股上鲜红的巴掌印，马上就爆发了，与李伟大吵一架，带着孩子回了娘家。看着空荡荡的家，李伟突然意识到自己错了。这么长时间以来，他起早贪黑地上班，很少休息，一直都是妻子带着孩子维护着这个家，使他的人生有了目标。他暗暗想道，如果没有妻子和孩子，如果他们生活得不快乐，我还有什么动力工作呢？后来，李伟咨询了心理咨询师，因为他很迷惘。心理咨询师首先肯定了他为家人拼搏的精神，不过也建议他不要把工作上的情绪带回家里，影响家人，否则就得不偿失了。毕竟，家对于每个人才是最重要的。在心理咨询师的建议下，他真的在办公室里种下了一棵

烦恼树，每次下班回家之前，他都会把烦恼挂在这棵烦恼树上，从而带着愉悦的心情回家，把关于工作的一切烦恼都留在办公室。而且，他还合理安排休息时间，尽量多抽时间陪伴家人。在进行这番调整之后，他惊讶地发现他在工作上居然也有了很大的起色，一切似乎都变得顺利起来。

对于李伟而言，为家人奋力拼搏当然重要，但给家人带来幸福快乐，也同样重要。现实生活中，很多朋友都会犯和李伟一样的错误，因为忙于工作本末倒置，也因为不懂得倾倒心中的垃圾，最终把郁闷的情绪传染给身边的人，使自己的生活也变得不快乐。

人生是不可能一帆风顺的，尤其是在现实社会中，每个人都要面临各种各样的压力。要想赢得人生，我们就不能被这些压力压垮，而要努力调节自己的心态，让自己赢得快乐的生活。

那具体应该怎么做呢？

1.朋友们，为了避免把工作中的负面情绪带回家里，我们也可以建造一棵烦恼树，这棵树也可以是一株植物，也可以是一张图画，总而言之可以让你尽情倾吐烦恼。

2.要想更好地生活，我们一定要弄清楚工作与生活的关系，这样才能避免本末倒置。

3.为自己准备几个情绪垃圾桶，及时倾倒情绪，这样才能帮助我们保持内心的清明。

4.人生如同登山，我们只有及时丢掉那些负面情绪，才能做到轻松上阵。

扔掉人生的包袱，才能不断进步

曾经有个年轻人，觉得生活无望，非常迷惘。为此，他找到一位智者请教人生的智慧，智者什么也没说，只是给了年轻人一个背篓，让他背着上山，而且路上遇到漂亮的石头，就捡起来放到背篓中。年轻人尽管不明就里，但是他还是按照智者的安排，背起背篓上山了。在上山的路上，他一边走一边捡起自认为好看的石头，结果刚刚走过半山腰，他就被沉重的背篓压得喘不过气来，历经艰难才爬到山顶。

到了山顶之后，他发现智者已经站在山顶等他了。年轻人赶紧抱怨："大师，我的背篓实在太沉了，里面装满了石头。"大师依然一语不发，沉默良久，大师告诉他："现在开始下山，每走一个台阶，就丢掉一块石头。"年轻人领命而行，越走越轻松，很快就来到山下。这时，大师才告诉他："人生也如同登山，负重而行必然导致艰难，只有丢掉那些不必要的负担，才能轻装上阵。"年轻人恍然大悟。

的确，人生就如同登山，我们时而走在上坡路上，时而走在下坡路上，但是只要我们负重，人生的路就必然变得很艰难。当然，我们也不能完全两手空空，否则我们的奋斗还有什么意义呢！因而这就需要我们把握好度，唯有带着不多也不少的东西，我们才能既轻松，又有资本。在人生的路上，我们并非一味地获取，也要学会舍弃，诸如我们要定时定期地整理自身的行囊，这样才能及时清除不需要的东西，也把那些自己真心喜欢和需要的东西放入背篓中。总而言之，我们必须做到适度负重，才能轻松前行。

有些朋友也许会觉得很困惑，不知道人生之中的哪些东西是我们应该

保留的，而哪些东西又是我们应该及时舍弃的。其实，这很简单，我们选择丢弃还是留下某些东西，完全取决于它们对我们人生的作用。假如它们是积极的，能够促进我们人生发展的，我们就要背负它们；假如它们是消极的，是会给我们的人生之路扯后腿的，那么我们就要坚决舍弃。唯有如此，我们才能扔掉不必要的负担，更快地行走在人生路上。举个最简单的例子，诸如那些负面情绪，就是我们人生的包袱，我们要将其扔掉，才能怀着轻松而愉悦的心情不断进步。

大学毕业后，小童为了留在学校当老师，与自己谈了五六年的女朋友分手了，而是选择与大学老师的侄女在一起。就这样，原本不够资格留校的小童，在老师的鼎力帮助下，得以留校担任辅导员。因为走了捷径，他始终有思想上的包袱，所以在大学校园里他始终兢兢业业，根本不敢有片刻放松。几年的时间过去，小童考上本校的研究生，最终继续深造，成为正式的老师。转眼之间，十年过去了，曾经的老师对小童说："小童，你不要带着情绪的包袱工作和生活。毕竟，你和你爱人还是有感情的，你们理应过上幸福的生活，你也的确是有才华的，你理应留在大学校园里教书育人。"老师的一番话让小童彻底卸下内心的重担，他这才彻底放松，尽情享受生活和工作。

对于小童而言，始终牢记着自己当初是如何留校的，就是一种情绪包袱。其实，人生的路并非都是直的，也可能是弯曲的。随着时间的流逝，我们也应该放下心中的囚牢，让自己彻底解脱出来。

那具体应该怎么做呢？

1.人生减负，不但要减少内心的欲望，而且要减少情绪上的负担，唯有轻松愉悦地一路向前，我们的人生路上才能一路欢歌，一路收获。

2.英雄不问来路，如同事例中的小童一样，哪怕在最初的人生路上是有人扶持的，未来只要证明了自己的实力，也就可以通过自身努力获得人生的收获。

3.对于那些微不足道、不值一提的小事，我们更要学会遗忘。毕竟只有轻装上阵，我们才能赢得人生的诸多先机。

定时定期清理自己的糟糕情绪

漫漫人生路上，我们背起简单的行囊上路，却在行走人生的过程中，不断地背负越来越沉重的行囊。这都是因为人是贪心的，所以才会不断地加重自己的行囊，导致自己的人生之路变得越发沉重，不再轻松。实际上，人生是需要清零的。就像过日子一样，随着时间的流逝，大多数家庭中都会拥有更多的废弃物。很多老人舍不得丢掉那些无用的东西，因而导致家里的东西越来越多。相反，大部分年轻人都舍得扔掉不用的废物，这样家里才能始终保持干净清爽。在生活中，我们的家里总是拥有很多的废弃物，要想让家里变得清爽整洁，我们就必须学会不断扔掉那些废弃物，从而在生活之路上轻装上阵，减负前行。

当然，家里的废弃物是很多的，诸如孩子穿小的衣服，大人已经过时的时装，以及各种不再使用的家具电器等，这都属于家庭废弃物。将它们从家中清除出去之后，不但衣柜多了更多的空间，这个家看上去也会焕然一新。其实，不仅家庭需要清除废弃物，人的感情和心理上也同样如此。诸如那些糟糕的情绪，如果长期淤积在我们的心里，我们就会感到心情

沉重，甚至抑郁寡欢。在这种情况下，唯有定时定期清理自己的糟糕情绪，让自己的情绪归零，才能让自己变得轻松愉悦，人生也会变得更加顺遂如意。

毋庸置疑，每个人的心灵都是脆弱的，是不堪重负的。尽管在成长的过程中，我们变得越来越坚强，也在征服困难和磨难的过程中，不断历练自己，但是我们终究要学会给心灵松绑。很多朋友喜欢否定自己，感到非常自卑，觉得自己不管在哪些方面都不如他人，实际上，这完全是不可取的。对于自己，我们更要勇敢面对，愉快地接纳，试想，假如一个人连自己都不愿意接受，而且对自己吹毛求疵，他又怎么可能做到快乐地面对他人和整个世界呢！所以，悦纳自己，实际上就是给自己的心灵松绑。只有悦纳自己的人，才能悦纳人生，才能坦然接受命运赐予我们的一切。

经常使用电脑的朋友知道，在长期使用之后，电脑上会留下很多垃圾，导致电脑运行速度变慢，垃圾越积存越多。为了让电脑速度变快，我们就要用到删除文件的程序，然后再清空回收站。清空心灵和清除电脑上的垃圾一样，能够让人脑和电脑一样速度加快，也能够使我们的思维清晰，做出更加理智的决策。

娅菲在广告公司工作，是策划专员。她有个客户，想要策划一个文案，但是却始终拿不定主意，直到半年之后，才定下来策划的思路。对于这个客户，娅菲也是怨声载道，不过她每次感到郁闷的时候，就和好朋友乔乔发发牢骚，发完牢骚之后就不再郁闷了。看到娅菲的样子，乔乔总是很羡慕。她问娅菲："虽然你也会因为客户难缠而生气，但是我觉得你只是生气而已，而且你生气的时间很短。"娅菲笑着说："当然不能一直和客户生气啊。要是为了客户，影响我正常的生活，那么我岂不是更加损失

惨重。工作嘛，只是生活的手段，我们最根本的目的还是幸福快乐地生活。"

听了娅菲的话，乔乔不由得陷入沉思。过了很久，她才说："我真的要向你学习，有的时候工作上遇到障碍，我会非常郁闷，影响自己的心情不说，回到家里也影响家人的心情。有一次我心情不好，还把孩子训斥了一顿呢，过后自己又很后悔。""你呀，情绪垃圾太多，必须及时清理。不然，工作干不干好暂且两说着呢，家里的生活也不那么愉快了。而且，如果你把工作上的情绪带回家里，你岂不是相当于回家之后还在工作吗，难道你就这么心甘情愿地二十四小时加班啊！"娅菲一语惊醒梦中人，乔乔当即决定以后一定要彻底改变，再也不把情绪带到生活中了。

一个人如果不能及时清除工作中的情绪，就相当于把工作中的情绪带到了家里。很多职场人最讨厌的就是加班，却不知不觉地全天候加班，因而我们必须认清事实，端正心态，才能让自己获得更加轻松愉悦的心情，也获得幸福快乐的生活。

那具体应该怎么做呢？

1.要想放空自己的思绪，就要学会静心冥想。很多时候，我们的生活过于忙碌，整日熙熙攘攘，却不知道自己为何奔波。只有把心绪整理好，我们才能有目的地生活，也才能让自己收获人生。

2.放空自己的方式有很多，既可以安安静静地整理自己的思绪，也可以找个热闹的地方看着川流不息的人群。总而言之，只要内心能够获得宁静，就能事半功倍。

3.假如你听惯了那些缠绵细腻的情歌，不如换个摇滚歌曲听一听吧。此外，为自己添置新衣服，或者是收拾房间，或者换个发型，都能起到不

错的效果。

4.改变自己的日常生活，诸如你以前换乘地铁都是乘坐扶梯，现在不妨气喘吁吁地一气走完楼梯，那种感觉也能让你觉得焕然一新。

用坦然的心境和宽容胸怀消融痛苦

虽然我们总是把"一帆风顺""万事如意"等美好的祝福语挂在嘴边上，但是我们真的很难拥有顺风顺水的人生。大多数人一生都必然要经历坎坷和挫折，最终才能守得云开见月明。也不排除有些人一生始终磕磕绊绊，遭遇苦难几乎已经成为生活的常态。在这种情况下，我们应该一味地逃避现实、祈祷顺遂的人生到来，还是勇敢地面对和接受现实呢？大部分人都会选择前一种做法，但是真正正确的做法却是后者。

命运的力量是强大的，尽管我们经常说要成为命运的主宰，但却首先应该掌握与命运的相处之道。如果你与命运背道而驰，命运让你往东，你偏偏要往西，在此过程中还不停地自欺欺人的话，那么你一定会被命运更加残酷地纠缠，直到你筋疲力尽彻底屈服为止。我们的确要改变命运，成为命运的主宰，但是这么做的前提是接受和顺应命运，从而找到与命运的最佳相处方式。如果你总是不能接受现实，那么你一定会被痛苦纠缠住，甚至为此寝食难安，焦虑不已。相反，如果你接受现实，坦然面对命运的安排，从而再心平气和地寻找征服命运的最好方式，则成功的几率会提高很多。

人到中年的马霞产生了失眠症状。也许是因为思念远去外地读大学

的女儿，也许是因为惦记着工作上的评优，也许是因为失去了最爱她的母亲，总而言之，身体各个方面都不对劲了，最让她难以忍受的还是失眠。

从最开始的必须凌晨两三点极度困倦才能入睡，到后来的彻夜难眠，马霞终于在老公的劝说下去看心理医生。在得知马霞的症状后，心理医生说："你不要排斥失眠。比如说，你失眠的时候不要躺着数山羊，更不要心急如焚地想要入睡。你可以起床看看书，或者做点儿什么事情，等到困倦的时候再睡。"马霞惊讶地问："看看书或者做做事，岂不是更加睡意全无了么！"心理医生笑着说："是啊，反正你本来也睡不着，睡意全无又有什么关系呢！你不要与自己的身体对抗，只有你接纳和包容身体的各种反应，它才会恢复平静，变得顺服。"虽然觉得心理医生说的话没有十足的道理，但是备受失眠煎熬、寝食不安的马霞，还是决定试一试。

当然晚上，再次瞪着眼睛无法入睡的马霞没有强迫自己闭目养神，因为无数次经验证实那样只会让脑细胞更活跃。她按照心理医生说的，拿起一本书看了起来，直到晨光出现，她才因为不停地打哈欠停止看书，开始睡眠。果不其然，她只花了几分钟时间就顺利入睡了。有了这次成功的经验之后，马霞再也不逢人便说自己失眠了。她把失眠当成了理所当然的事情，认定自己原本就该凌晨入睡。如此一段时间之后，马霞的失眠症状消失了，她也不再焦虑不安了。

马霞因为接受了失眠，所以她的失眠不治而愈了。其实，很多人的失眠之所以日益严重，就是因为他们从心底里排斥和抵触失眠，因而也就更加烦躁不安，焦虑不已。如果能够像拥抱自己的兴趣爱好一样拥抱失眠，那么他们就不会为此焦虑不安，也就能够成功减弱自身的症状。

不管是对于失眠，还是我们身体的其他症状，亦或是我们的生活中出

现的很多困境，我们都只有坦然接受，勇敢面对，才能找到与它们之间最好的相处办法，从而了解它们，找到最佳的解决办法。既然痛苦不会因为我们的焦虑而减轻分毫，那么我们完全有理由拥抱痛苦，从而最大限度地与痛苦和谐共生，直到彻底消除痛苦。

当你把痛苦变成心尖上的刺，痛苦就会不停地扎痛你，刺穿你。当你拥抱痛苦，将其变为自己的一部分，它就再也无法伤害你。哭着也是一天，笑着也是一天，痛苦从来不会因为你的糟糕感受而消失，反而会因为你的愉快和幸福而退缩在角落里，直至烟消云散。既然如此，就让我们用宽容博大的胸怀，用充满爱的心灵，消融痛苦吧。

放弃胆战心惊的等待，马上行动

很多时候，人们之所以感到恐惧和焦虑，就是因为对未来毫无把握。尤其是在等待的过程中，因为未知，人们更是心急如焚，无法自制。在这种情况下，如果一味地选择等待，无疑是一种巨大的折磨，我们甚至无从知道自己怎样才能结束这种焦虑的状态。其实，这时如果一味安慰自己是丝毫不起作用的，只能是自欺欺人。所以，最好的办法就是马上行动，即使破釜沉舟，背水一战，也比胆战心惊地继续等待来得更好。

这就像是我们在生活中遇到为难的事情，处于进退两难的境地时，是选择果断放弃，还是选择冒昧往前？不论最终做出哪种选择，最艰难的时刻肯定是在选择之前的犹豫纠结阶段。任何事情都总是有利有弊，在这种情况下，我们与其盲目猜测和等待，不如果断行动，从而尽早结束对自己

的折磨，来个快刀斩乱麻。一旦事情的局势明朗化，我们也能马上做出应激反应，从而使一切都得到落实。

　　秦朝末年，因为不满秦王的苛捐杂税和残暴统治，全国各地的老百姓们忍无可忍，纷纷揭竿起义。在诸多的农民起义领袖中，陈胜、吴广是最先反抗暴秦统治的，项羽和刘邦次之。关于项羽，有个历史典故流传至今，那就是破釜沉舟战胜强秦的典故。从这个事例上，我们不难看出鼓起勇气做出决定，并且马上展开行动的重要性。任何时候，我们只要采取果决的态度面对一切，事情才会变得简单，局势才会更加明朗化。

　　有一年，秦国派出大军把赵国团团围困起来。无奈之下，赵王只好派出使者连夜奔赴楚国，向楚怀王求救。楚怀王当即任命宋义为上将军，让项羽作为次将，辅佐宋义，并且给他们调动二十万兵马，火速营救赵国。不想，宋义是个贪生怕死之辈，听说秦国围困赵国的军队足足有三十万，他走到半途就驻扎下来，再也不前进一步。这时，军中缺少粮食，将士们不得不吃野菜勉强维生。宋义对此视若无睹，只顾着自己有酒有肉，吃得不亦乐乎。项羽见此情形忿忿不平，他一气之下杀死宋义，自己顶替宋义的职位，当即率领大军继续奔赴赵国。当然，项羽并非有勇无谋之辈。他先是派出部队切断秦军的通路，然后又带领大队度过漳河，以解赵国之围。在大军全部度过漳河之后，为了鼓舞士气，项羽先让火头军做了一顿好吃的犒劳大军，然后又给每人发了三天的口粮。接下来项羽所做的事情让大家全都瞠目结舌，因为他下令凿穿河里的船，使其沉底，然后又把做饭的锅也全都砸碎。果然，大家看到再无退路，全都一鼓作气，视死如归。后来，大军在项羽的带领下，每个人都以一当十地与秦军搏杀。在经过九次冲锋之后，终于打败了秦军，解了赵国之围。这次战斗，不但解救

了赵国，也使得秦军元气大伤。两年之后，奄奄一息的秦国就灭亡了。

和贪生怕死的宋义相比，项羽显然是个勇敢果决的真英雄。他看不惯宋义不顾将士死活的做法，当即杀死宋义，自命上将军，率领全军将士一鼓作气度过漳河。为了让全体将士都不遗余力地与秦国搏斗，他还破釜沉舟，最终让所有人都死心塌地地浴血沙场。这样的胸襟与气度，这样的决绝与勇气，项羽想不获胜都很难。换言之，他之所以能够取胜，也正是因为采取了这样的策略和方法，激励了全体将士的勇气和胆识。

不管面对什么事情，悬而未决的时刻都是最难熬的。为了让事情的局势更加明朗，我们理应在谨慎思考之后毫不迟疑地采取行动。要知道，即使行动失败了，也比胆战心惊、犹疑不前更好。

为人做事，就应该当断则断。千万不要因为前途未知，就始终踟蹰不前，导致错失良机。尤其是在现代社会信息大爆炸的条件下，很多事情都是瞬息万变的，我们必须及时作出决定，才能抓住千载难逢的好机会。记住，与其胆战心惊地等待，不如破釜沉舟地行动，一切的转机都在你的果决和勇敢之中。

犹豫不决、患得患失会让人生变得糟糕

在遭遇人生的困境或者磨难时，有些人选择勇敢直面，无论遭到多大的困难，都勇往直前。他们不能停下来，因为停下来意味着失败。与他们恰恰相反，因为恐惧，有些人选择裹足不前，有些人选择一味逃避，有些人则选择退缩。很多情况下，困难虽是障碍，可一旦逾越，就能帮助我们

拔高人生的高度，让我们的人生在超越现状的基础上取得质的飞跃。遗憾的是，很多人都无法坦然接受这样的挑战，他们总是因为未知的未来而胆战心惊，恨不得一切都在自己的把握之中才能心安。也因为患得患失的心态，他们变得胆小甚微，根本不知道如何前进。对于这样的人生，必然因为犹豫不决错失更多的机会，人生也会变得糟糕。

麦当劳兄弟的快餐厅生意异常火爆，他们向专门为美国芝加哥地区供应搅拌机和一次性纸杯的推销商——可雷可订购了大量的纸杯，还一次性地购买了八台搅拌机。要知道，这在当时可是一笔大生意，因而可雷可特意观察了麦当劳兄弟餐厅的生意，发现他们果真顾客盈门，生意火爆……思来想去，可雷可产生了一个疯狂的想法：面对如此千载难逢的好机会，他决定以出让自己公司一半股份的方式加盟麦当劳兄弟餐厅，而且还承诺把餐厅5%的营业额回报给麦当劳兄弟。得知他这个想法，家人和爱人都觉得太疯狂了，毕竟未来经营的状况是不可预估的。然而，可雷可心意已决，他知道一旦获得成功，自己的人生就将飞跃巅峰。

为此，他义无反顾地与麦当劳兄弟谈合作的相关事宜，并且很快与他们成功签约。就这样，麦当劳的餐饮招牌成功树立了，并很快成为餐饮界的主力军。麦当劳餐饮在可雷可的带领下，从最初的几家小店，到1960年发展成为280家颇具规模的餐饮连锁企业。就这样，作为麦当劳第二代掌门人，可雷可成功成为当时世界上首屈一指的大富翁。

没有人知道何时是人生的关键时刻。我们唯一能做的，就是把握好眼前转瞬即逝的机会，毫不犹豫地抓住它，而不要眼睁睁地看着它从我们的眼前溜走。试想一下，假如可雷可在面对巨大商机时，因为瞻前顾后，最终选择放弃加盟麦当劳公司，那么他后来的人生一定不会如此。的确就是

这样，很多时候改变我们人生轨迹的甚至不是那些重大的事件，而只是某个不起眼的时刻。在这种情况下，我们唯有抓住每一个机会，才能最大限度地改变命运。

一个成功的人，往往具备果敢决断的品质。细心的人会发现，大多数优柔寡断、瞻前顾后的人，很难抓住千载难逢的好机会，而且还会因为延误导致错失时机。我们需要知道，危机既代表着不可预知的未来，也代表着巨大的成功。每一个能够战胜危机抓住机遇的人，都能够成就属于自己的人生。很多人不相信人生有奇迹，这样的人永远也不可能创造人生的奇迹，因为他们不信。而只有心里怀揣奇迹的人，才可能真的拥有人生的奇迹，因为奇迹就在他们的心中。

现代社会，已经不适合明哲保身的人生存。因为在信息大爆炸的现在，很多机遇就隐藏在纷繁芜杂的信息之中。有些人不管遇到什么事情都事不关己高高挂起，殊不知，机遇随时都有可能到来。如果你没有做好准备，机遇又怎么会青睐于你呢！聪明的人知道，与其把时间用于抱怨，不如多多尝试。获得成功的唯一途径，就是勇往直前，全力以赴。

第07章

三思而后行——别让愤怒的魔鬼控制你

毫无意义的犯颜动怒，是无益之怒

我们常常看到这样一些现象：地铁上人山人海，你靠着我，我靠着你，无法避免的拥挤、碰撞，彼此之间便会火冒三丈，吵得不可开交；学校里，同学之间为一些鸡毛蒜皮的小事，如不小心碰落了别人的铅笔盒之类而出言不逊，大动肝火，怒气冲冲；同事之间，你抢了我的风头，我说了你的坏话，彼此怒火冲天，办公室被这些暴躁的人闹得乌烟瘴气。其实，这些事情很多都是无原则的冲突，不必要的感情冲动，毫无意义的犯颜动怒，是无益之怒。

林珊是一家公司的部门经理，她一向待人温和，可是由于最近工作压力加大，她变得烦躁易怒，心中充满无尽的恐慌，对同事和丈夫都失去了耐心，内心焦虑，动辄就会大发雷霆。同事对她都是退避三舍，丈夫也对她担心不已。

后来，林珊看了一本书，书上说，快要发怒的时候，从一数到十，这样内心就会很快平静下来。

一次，公司新来的实习生小米把一份重要文件当成垃圾丢进了粉碎机，这太让人生气了，面对一脸歉意的小米，林珊突然决定照着书中的说

法去做。林珊在内心默默地数数：1，2，3，4，5……既然文件已经粉碎了，那么只好重新做一份了，反正也就是一两个小时的时间。在数数的时候，林珊已经想好了补救的方法，当她数到十的时候，惊讶地发现真的没有刚才的怒火了。"小米以后做事要认真点，记住了！"林珊对小米说。林珊看见小米受宠若惊地逃回办公区，嘴角微微一笑，看来控制自己的情绪也不是一件特别艰难的事情。

其实，在现实生活中，没有一个人喜欢在大庭广众之下表露自己的愤怒情绪，没有一个人喜欢自己动不动发怒的习惯。任何一个精神愉快、有所作为的人都不会让它跟随自己。愤怒情绪是一个误区，一种心理病毒；它同其他病毒一样，可以使你重病缠身，一蹶不振。如果你控制不住情绪，那情绪就会反过来控制你，所以说，强大起来吧，不要做愤怒情绪的奴隶，否则你永远会被牵着鼻子走。

王玲玲是个独生女，从小被父母宠爱，养成了一身大小姐脾气，常常因为一点点小事就莫名其妙地大发脾气。现在到了公司，还是不改这臭脾气，搞得人际关系十分紧张。

一次公司在酒店举行晚宴，服务员来送红酒的时候，一不小心，把红酒溅到了王玲玲的晚礼服上。服务员一个劲儿地道歉："对不起！对不起！"

可是王玲玲看到自己崭新的晚礼服被弄脏了，马上火了，一下站起来，大声责备道："你怎么回事啊，你这样还能当服务员吗？你知道我这件晚礼服多少钱吗？你赔得起吗？"

大家听到这边发生了争吵，都把目光投射过来，公司领导们更是对王玲玲的素质产生了很大的怀疑，他们很难相信平时乖巧的小女生会在大庭

广众之下大喊大叫，一点也不注意个人形象。

如果你不懂得控制自己的愤怒情绪，这不仅影响你自己的身心健康，还会影响你的交际，王玲玲的案例就是一个教训。一个人的情绪问题能从侧面反映出他的素质问题，所以，如果你想在他们面前树立一个好的形象，那就先从克制自己的情绪开始吧。

此外，愤怒，不管是对自己的生命，还是对他的生命，都是一个非常大的威胁。人在怒发冲冠的时候，什么事情都能做得出来。尽管大部分情况下，这些事情他们不愿做，但是吞噬了理智的疯狂已经由不得他们选择。如果你被愤怒冲昏了头脑，那迟早会做出后悔的事。

1.对于一些问题，要学会理性回避

面对令人愤怒的人或事，只要不危害社会和他人安全，无必要去争个高低，应冷静地分析一下利弊，尽快避开所处的情境。眼不见为净，耳不听则宁。让理智战胜冲动，心中的怒火也就自然而然地熄灭。

2.把愤怒的情绪转移到其他地方

当你因某事生气，想要发怒时，最好努力使自己暂时忘记它，转移注意力，或者干脆暂时放下手上的一切，舒缓一下愤怒的心情。比如：你可以花些时间，到公园或树林里走一走，享受林间、溪流或池塘的安详与静谧。当你沉浸在这一切的祥和中时，你就会平静很多。

3.换一种思维看待问题

你不妨以新的思维方式让自己保持精神愉快，不因为别人的言行影响自己的精神状态。你可以学会不让别人的言行搅乱自己的心境。你只要自尊自重，拒绝受别人控制，便不会再用愤怒来折磨自己。

假如你有心变得更好，那你的人生态度就会转变，紧接着你的习惯

也会转变，进而性情变得更为阳光。在顺境中感恩，在逆境中依旧心存喜乐，远离愤怒，认真、快乐地生活，怀大爱心，做小事情。如此，你的生命一定会大放异彩！

失控的愤怒是魔鬼，一定要小心它

通常情况下，脾气暴躁的人很难控制住情绪，理智的人能够主宰情绪，他们反而很容易受到情绪的影响。当然，脾气不好的人未必是坏人，很多好人也会因为性格急躁，或者因为原则性强，而表达自己内心的诸多愤怒感受。因而人与人在相处的过程中，必须彼此磨合，多些理解和体谅，这样才能使彼此的交往更加和谐融洽，也才能建立良好的人际关系。

任何时候，愤怒都会使人变成魔鬼，尤其是失控的愤怒。在这个浮躁的社会中，人们更是容易变得焦躁不安，虚伪肤浅，也正因为如此，现代社会才有很多人都因为愤怒导致冲动，又因为冲动做出让自己追悔莫及的事情，最终悔不当初。从心理学的角度而言，这几乎是现代人的通病，所以我们更应该努力调整自身的心态，成为情绪的主人，不要因为那些小事，导致情绪失控，更不要纵容愤怒的火山喷发，导致严重的后果。

也许有些朋友会说，愤怒根本无所谓，无非是提高说话的声音，让说话的语气变得更加严厉而已。其实不然。也许我们自己觉得愤怒无关紧要，但是却难以保证其他人不会因此受到伤害，与我们产生隔阂。尤其是那些我们最亲爱最亲近的人，更容易因为我们无缘无故的愤怒，感到

痛心。

如今是网络时代，大多数新闻都会在第一时间流传于网络。关注新闻的人几乎每天都会看到有人因为愤怒，导致做出冲动之举。诸如一个城管驱赶卖糖葫芦的商贩，卖糖葫芦的商贩居然因为愤怒，把糖葫芦的竹签刺入城管的颈部，听起来使人心惊胆战。还有一个取钱的小伙子，因为速度太慢，被后面的人催促，发生口角，居然被后面的人用刀捅死。这都是愤怒惹的祸，它使人瞬间变成了魔鬼，不但伤害了他人，也彻底改变了当事者的人生。所以朋友们，我们一定要主宰自己的情绪，控制自己的愤怒，因为一个人一旦失控，是什么事情都有可能做出来的。等到我们恢复冷静的时候，往往会感到追悔莫及，却也无力回天。

人们常说，"生气是用别人的错误惩罚自己"。这句话说得非常有道理，人在生气的时候，不但情绪波动，而且身体也会产生相应的反应。诸如有些朋友愤怒的时候，总是怒目圆睁，气喘吁吁，自古以来，被气死的事情时有发生，更别说现代人有着各种各样的慢性疾病，愤怒更是容易导致猝死。三国时期，诸葛亮就活活把周瑜气死了，周瑜临死之前，还不甘心地说："既生瑜，何生亮！"他死的时候，只有36岁。古人也说，气大伤肝，由此可见愤怒真是有无数的坏处。科学家也曾经经过实验证实，一个人在愤怒情况下呼出的气体是有害的，居然能够毒死小白鼠。还有科学家证实，经常郁郁寡欢、怒火中烧的人，很容易身患癌症。所以朋友们，即便我们不考虑太多因素，而仅仅为了自身健康考虑，也应该尽量减少愤怒，不被愤怒驱使。

具体应该怎么做呢？

1.当我们的内心充满愤怒，我们就会彻底失去理智，而且智商降低，

不得不说，愤怒不但伤害我们的身体，对我们的整个人生都毫无好处。

2.每个人的愤怒都是有原因的，而且是针对某个对象的。在我们发怒的时候，我们的怒气喷薄而出，必然伤害他人，导致他人与我们之间产生隔阂，再也无法和谐相处。

3.愤怒的危害非常严重，它还会剥夺我们幸福生活的权利，使我们无法拥有幸福快乐的人生。

防患于未然，才能有效控制愤怒

在现实生活中，愤怒是很常见的感情，也可以说愤怒是人之常情，是正常生活中必不可少的一部分。归根结底，人们都是有七情六欲的，所以在面对人生之中的诸多变故时，人们难免会产生情绪波动，在极其生气的情况下，愤怒也就应运而生。

从本质上来说，愤怒是人正常的心理反应。然而，凡事过犹不及，当愤怒失去控制，当人因为愤怒变得歇斯底里，愤怒就会具备极其强大的破坏性。正如前文所说的，愤怒会使人瞬间完全改变，使人变成冲动的魔鬼，使人做出让自己追悔莫及的事情。从这个角度而言，我们理应寻找合适的方式，从而调整自身的情绪，让自身变得更加理智、平静。我们必须记住，我们最终的目的是控制愤怒，而不是显示自己多么高明。所以凡事都应该防患于未然，才能起到最佳的效果，从这个原则出发，我们也应该提前排查愤怒的导火索，才能有效控制自身的愤怒。

毋庸置疑，愤怒的产生都是有原因的。所谓解铃还须系铃人，任何

情况下，我们要想解决问题，都要从根源着手，才能事半功倍。这样一来，我们消除愤怒的方式就变得和传统的"制怒"完全不同。如果说传统的"制怒"是强制的方法，那么从根源上排查原因，杜绝愤怒的产生，则更加从根本上解决了问题。毕竟，强制压制愤怒，也并非能起到良好的效果。所以从根本上杜绝愤怒的产生，就能最大限度避免愤怒带给我们的恶性伤害。

以形象生动的比喻来说，愤怒的导火索，就是愤怒的种子。这些种子或者是后来才有的，或者是很早就隐形存在的。诸如，愤怒的家庭里，更容易流传下愤怒的种子。如果孩子的爸爸从小就经常挨揍，那么在他长大成人，成为父亲之后，他有很大可能会经常揍自己的孩子。情绪是可以遗传的，这一点已经得到心理学家的证实，因而作为现代的父母，一定要多多留心，经营好家庭环境。再如，经常压抑自己的人也容易发怒。怒气一旦产生，就宜疏不宜堵。很多人都压制自己的怒气，殊不知怒气经过不断积累之后，会彻底爆发，如同火山喷发一样造成非常严重的后果，这就得不偿失了。此外，还有人说现在整个时代都处于愤怒之中，人们唱歌要声嘶力竭地吼叫，网络上充斥着各种愤怒导致的恶性事件，而且战争也蠢蠢欲动。究其原因，是因为现代人充满了物质的欲望，越来越忽视自身的心灵，从而使得灵魂空洞，人性干涸，人与人之间日渐冷漠。在这个无助的时代，愤怒的确已经成为人们的共同情绪，让人情何以堪，无法面对。

当然，我们只是说了愤怒之所以产生的大原因。在现实生活与工作中，愤怒往往是由很多不值一提的小事引发起来的。诸如，我们在路上走着，不小心被他人撞到，由此产生愤怒，彼此纷争不断，从而发生肢体冲突，由此事态升级。很多农村里，邻居之间发生打架斗殴，甚至最终闹出

人命来，只是因为宅基地的问题，或者是住宅下水管道的问题。总而言之，愤怒产生的原因形形色色，可是在这个世界上与生死相比，还有更重要的事情吗？当然没有。所以要从根本上消除愤怒，我们就要端正自己的心态，从而让自己心胸开阔，不再因为那些鸡毛蒜皮的小事情动辄大动肝火。不管愤怒的原因是什么，愤怒都来自于我们的内心，是我们心理失衡状态下的心理反应。所以，要想排查愤怒的导火索，我们就要更加理智从容，拥有自制力。

压抑愤怒不但没有任何好处，反而会使愤怒不断积压，最终导致愤怒的火山彻底喷发。在事情没有发生的情况下及时预防，这是对于很多难题的最好解决办法，对于愤怒也是如此，我们如果能够提前排查愤怒的原因，提醒自己不要生气，更不要被怒气冲昏头脑，也许就会少做一些让自己追悔莫及的事情。

正如富兰克林所说的，愤怒一定是有原因的，我们唯有找到愤怒的原因，才能从根本上解决问题，杜绝愤怒的发生。

保持冷静，别用怒气来掩饰自己的脆弱

瑞士著名的心理学家维雷娜·卡斯特曾说，不管怒气以何种形式出现，都意味着对他人和世界的攻击。的确，一个人在愤怒的状态下，就会彻底改变，不但失去理智，头昏脑涨，而且也因为智商降低失去判断力，最终导致歇斯底里地做出让自己懊悔不已的事情。由此可见，愤怒根本无法解决任何问题，只会使问题变得更加糟糕。从这个角度而言，明智者不

会动辄感到愤怒，而是会在问题发生之后保持冷静和理智，从而才能进行卓有效率地思考，最终找到解决问题的方法。

作为邻居，老马和老张家一直都相处得很好。不过，近来老马家正在建造新房，屋脊变得比老张家高了，为此老张一直很不高兴。有一天，老马来和老张商量两家是否应该合资建造一个下水管道，老张不悦地说："你家盖新房，我为什么要出钱呢！你这么有钱，还用来找我要钱啊。而且，我家有下水道，不需要新建下水道。"原来，老张家的下水道是老的，流水必须经过老马家门口。老马家盖了新房子，当然不想家门口再有污水流过。

双方不欢而散，老马回家告诉儿子，说老张家根本不愿意一起配合建造下水道，肯定是在使坏，就想把污水流到他们家的门前。小马一听不愿意了，径直冲到老张家，指着老张的鼻子说："你这个老家伙，看到别人盖新房不得劲是吧，所以就使坏。告诉你，以后你家的污水不许经过我们门前，不然就别怪我不客气了。"老张被小马这一顿挖苦讽刺，心情郁闷，等到他的儿子小张回到家里，他马上添油加醋、怒火中烧，居然拿着菜刀冲到老马家里。最终，邻居之家一场血斗，原本关系和睦的老张和老马家大打出手，小张把小马砍了好几刀。最终，小马进入医院抢救，小张则进了监狱，老马家的新房也空置了。

如果老张和老马交流得能够顺利一些，彼此能够相互体谅，心平气和，他们也就不会发生争执，更不会连累彼此的儿子一个受伤，一个坐牢，导致原本高兴的事情变成了悲伤的事情。

不管发生什么问题，发怒都是最糟糕的解决方法，不但对于解决事情没有任何好处，反而会使事情变得更加糟糕。既然怒气会使人的智商降

低，聪明的我们当然不能随便发怒，更不要因为愤怒导致一切无法收场。归根结底，事情总要得到解决，不管是逃避还是发怒，都无法使事情得到根本的解决，唯有保持冷静和理智，才能真正解决问题。

愤怒永远无法解决问题，因此在愤怒的时候，我们最先要做的就是保持冷静理智，这样才能帮助我们深思敏捷，也才有助于解决问题。愤怒对于人生很少起到积极的作用，作为明智者，面对愤怒，我们必须调整好心态，才能控制情绪，也才能让诸多难题得以最佳解决。

既然发怒是最糟糕的解决问题的办法，那么我们就要开动脑筋，尽量找到更多更好的办法，这样才能合理解决问题，从而也帮助我们提升素质。通常情况下，喜欢发怒的人都不够自信，真正的强者是不会用怒气来掩饰自己的脆弱的。所以，我们必须不断提升自我，变得自信和勇敢。

在被愤怒包裹时，不如主动寻找快乐

当你对着镜子里的自己微笑，镜子里的你也会对着你微笑；当你对着镜子里的自己皱起眉头，镜子里的你也会对着你紧皱眉头。生活也如同这面镜子一样，你以笑容面对生活，生活才会回报你以欢笑；你以愁眉苦脸面对生活，生活也会回报你以忧伤。所以正如一位名人所说的，这个世界上并不缺少美，缺少的只是善于发现美的眼睛。这个世界上并不缺少幸福快乐，缺少的只是发现和感受幸福快乐的心灵。

心理学家经过研究证实，人只有心境平和、心情愉悦的时候，才会保持微笑。在微笑的时候，人们的心情也会随之变得愉快，甚至身体还会

分泌出大量的安多芬分泌物，从而使人们的身体状态更愉悦，情绪也更加开朗。愉快的心情至关重要，微笑不仅关系到人的生存状态，而且也是非常好的健身运动。正如人们常说的，笑一笑，十年少。人在笑的时候，不但要牵扯到面部的很多肌肉，而且腹部的肌肉也会随之参与笑容运动，因此笑容不但能够增大人们的肺活量，而且能够促进人体的血液循环，对人体非常有利。然而，随着年岁渐渐增长，曾经少不更事的孩子经常微笑、欢笑、大笑，在长大成人之后，却越来越远离笑容，最终变得面部表情僵硬，越来越少地展现出笑容。曾经有心理学家经过研究发现，孩童每天展现笑容四百次，但是成年人每天却只会展现笑容十五次左右。这两个数字之间的巨大悬殊，使人心惊胆战，难道人一旦长大就注定了要远离快乐吗？这大概也是人们长大之后总是怀念年少时光的原因。其实，人是在怀念快乐。

尤其是在现代社会，生存压力越来越大，生活节奏越来越快，很多成年人每天都疲于奔命，根本无暇享受生活，甚至也忘记了笑容的味道。他们日复一日、年复一年地为了生活而不断奔波，这也直接导致各种心理疾病的发生，甚至有很多身体疾病也与笑容的日渐减少之间有着密不可分的关系。对于人类而言，笑容的减少是莫大的遗憾，所以作为新时代的年轻人，无论学习多么紧张，无论工作多么忙碌，我们都要牢记笑容，都要时时绽放笑容。很多人之所以能够拥抱青春，永远怀有纯真的、充满活力的赤子之心，就是因为他们常常欢笑。

也许有些朋友会说，人生百态，世态炎凉，根本没有什么值得高兴的事情，又为何要微笑呢？殊不知，生活总是这样不尽如人意，假如我们要等到生活十全十美时才微笑，我们早已与微笑失之交臂。细心的朋友也许

已经发现，哪怕心情原本郁郁寡欢，一旦我们真的开始微笑，也就能够绽放笑容，渐渐地驱散心底的阴云。这一点，是已经经过心理学家研究证实的。所以，在被愤怒包裹时，我们不如主动寻找快乐，哪怕刚开始只是假装微笑，我们的心情也会真的渐渐快乐起来。

作为办公室里的开心果，朱丽娟总是能够给大家带来快乐。她每天都乐呵呵的，哪怕遭遇不开心的事情，也能够进行自我劝解，从而帮助自己找回灿烂的心情。对于别人遭遇不开心的事情，朱丽娟就更有办法了。她或者说些幽默的话逗乐大家，或者买些零食与大家一起分享，总而言之她寥寥数语就能使人意识到天并没有塌下来，就算天真的塌下来，也有高个子支撑着，矮个子根本无需担忧。

有一次，办公室里新来的大学生小王因为工作上出现失误，被老板狠狠地批评了一顿，委屈得直掉眼泪。朱丽娟见此情形，拿着一包泡椒凤爪送给小王，说："来吧，吃完之后别人就知道你到底是为什么而哭的了，因为我会被辣哭，他们肯定以为你哭的原因和我一样呢！这样，我就可以陪着你一起接受嘲笑。你不知道吧，我刚入公司时，在工作上的表现远远不如你，所以我经常被骂哭，为了保全颜面，我就一边哭一边吃泡椒凤爪。一旦有人发现我哭了，我就说'真辣真辣'，当时，大家都不理解我为何一吃泡椒凤爪就要被辣哭，却还总是吃。"听了朱丽娟的安慰，小王情不自禁地破涕为笑。

作为办公室里的开心果，朱丽娟不但自己有着好心情，而且时常给大家带来快乐，所以在办公室里人缘非常好。的确，不管是在生活中还是在工作中，我们都无法一帆风顺，遭遇坎坷和挫折是必须的。在这种情况下，我们保持积极乐观的心态，以快乐驱赶愤怒，才能让快乐之花在我们

的心中常开不败。

当然，每个人排遣愤怒的方式都是完全不同的，对于各种不同的方式，我们无法妄加评论，毕竟每个人的脾气秉性不同，每个人产生的愤怒也是完全不同的。只要是有效的方法，只要是不对他人造成伤害的方式，就是排遣愤怒的好方式。

当愤怒来临时，微笑就是驱赶愤怒的最好方式，尤其是肆无忌惮地哈哈大笑，更是能够调动我们全身的很多肌肉一起运动，帮助我们最快地发泄愤怒。

在春光明媚的时候，不如走到大自然中呼吸新鲜的空气，这样才能让我们的心中充满快乐，从而使得愤怒无处藏身。身体上的紧张和疲劳能够很好地帮助人们排遣愤怒，当身体因为剧烈运动变得汗流浃背，我们的心情也会变得越来越放松。现代社会有很多人都热衷于练习瑜伽，瑜伽的确是一种非常好的放松身心的方式，如果再结合冥想，则会事半功倍。

好好克制坏脾气，生活才会更美好

一对恋人，小乔和韩亮，相爱五六年，准备结婚。

韩亮父母去小乔家提亲，小乔家长的意思是，结婚可以，但要把人娶走，必须按照当地的风俗来，那就是韩亮得以小乔名义买一套婚房，再给他们十万礼金。而韩亮家长的意思是，十万礼金可以办到，但再以小乔名义买一套婚房是不可能的。双方相持不下，各自儿女怎么劝也没用，这门亲事只好拖着。

韩亮和小乔在外面打工，照旧同居一处。后来，小乔未婚先孕，不得不结婚了。

小乔把怀孕的消息告诉父母，希望拿到户口本结婚，谁知铁石心肠的父母还是咬着婚房和十万礼金不放。韩亮父母一生气，干脆说："不嫁就不嫁，我们还懒得管了呢！"双方家长继续僵持。转眼几个月过去，小乔腹中孩子越来越大。小乔家长觉得再拖也不是个事儿，开始放宽条件，十万礼金改成了五万，但婚房必须要买。韩亮无动于衷。

韩亮和小乔夹在中间，心里也很烦。没有结婚证，办不下准生证，未婚生子传出去名声也不好，加上来自双方父母的责怪和压力，烦心事儿一多，脾气就不好。小乔拼命催韩亮，责怪韩亮没本事，韩亮则埋怨小乔父母不讲理。

吵一吵，好好一段感情就被搅黄了，结果以分手告终。

分手后，小乔父母十分着急，去求韩亮父母，韩亮父母也被说得心软，只是小乔和韩亮两个人已经伤到彼此的心，这时却再也无法复合了。

每个人都有自己的脾气，可是并不代表着自己的脾气都是好的，很多时候，大家是看不清自己的臭脾气的，或者是太冲，又或者是太不讲理，这些臭脾气是一个人性格的缺陷，如果不好好克制一下，很多美好的事情都会搞砸。

黛西是一家公司的运营经理，她才华横溢、雷厉风行，深得上司的器重。但是，由于过于自信和脾气暴躁，黛西经常与同事和下属发生争吵。往往争吵过后，她自己马上就忘了，但给别人造成的不愉快却是持久的，于是大家给她送了个绰号："母老虎"。刚开始的时候，这个绰号让黛西感到异常委屈和苦恼，但经过一段时间的冷静思考后，黛西似乎意识到了

自身缺陷的危害，便开始试图控制自己的脾气：即使自己百分之百正确，也尽量避免与人争吵。后来，黛西深有感触地说："我终于明白，一个人即便再优秀，如果他控制不住自己的情绪，改变不了自己的臭脾气，那么他的生活也会一团糟，他周围的人也不会喜欢他。"

愤怒，是日常生活中常常碰到的普遍心理现象之一。不少人脾气急躁，遇事容易冲动，特别是对一些不顺心或自己看不惯的事，常常容易生气或怄气，有时还同人家争吵，说出一些使人难堪的话，或影响了人与人之间的团结，或影响了家庭的和睦。事后，即便是后悔，但是造成的影响已经成了事实。

毫无疑问，再怎么说我们也已经是成年人了，不能再像个孩子一样任性撒泼，我们应该很清楚被情绪左右会给我们的人生带来多么严重的后果。所以，从现在开始，好好克制住你的坏脾气吧，不要因为一时的冲动，毁了自己一辈子的快乐生活。

1.用心去做好自己该做的事情

如果我们集中精力追求自己的梦想，生活中的烦恼便会大大减少，我们就不会再为小事而抓狂。因为我们在追求自己梦想的过程中实现了自身的价值，就不在乎身边这些小事了。朋友们，我们一生需要做的事情太多了，难道你还舍得浪费时间去烦躁，去发臭脾气？

2.遇事先思考，避免冲动

请记住，凡事三思而后行。要想让自己不发脾气，在遇到事情前先不急于发表自己的见解，考虑了一番再决定，学会忍耐，变得成熟一些，深邃一些，就不会乱发脾气了。因为发脾气对事情的解决没有带来任何好处，还增加了阻力，又何苦呢？

3.对自己进行积极的心理暗示

当你心有不快，想要通过发火的方式来发泄时，你可以通过语言的暗示作用来调整自己。比如，你的朋友做了伤害你的事，你很想将他骂一顿，那么，此时，为了不让事情发生严重的后果，你在冲动前可以告诉自己："千万别做蠢事，发怒是无能的表现。发怒既伤自己，又伤别人，还于事无补。"在这样的一番提醒下，相信你的心情会平复很多。

我们身边不乏这类人，他们极易发火，一件芝麻小事就会暴跳如雷，我们都称之为"臭脾气"。其实，这类人中大部分人本质是没问题的，很多还是侠者心肠，可是就因为他们的坏脾气，遮掩了他们美好的一面，刺痛了朋友的心，于是在人际交往中显得越来越孤立。

第08章

远离悲伤情绪——别被忧伤迷住双眼

只有向前看，才会有希望

人生如变幻莫测的天空，刚才还晴空万里，转眼间阴云密布、倾盆大雨。但这些都是上一秒发生的事，人要向前看，不管过去多么悲伤失意，过去了的总归过去，只有向前看，才会有希望。

人活于世，谁都不愿提起和想起的伤心往事，被人们称为"旧伤"。它不像电脑程序一样可以被删除、剪切，只能靠我们自己来修复。那么，我们该怎样从心理的角度"修复"那些旧伤呢？

1.不要强迫自己去忘记某件事情，把一切交给时间

忘记任何一件痛苦的事，都需要一个过程。因此，即使有时偶尔会想起它，其实也无妨。当你想起它时，你可以对自己说：那都是过去，看我现在多快乐啊！相比过去而言，现在的我是多么幸福啊……人要往前看，往好处想，这样，随着时间的流逝，那些过去也就真的成为"往事"了。

2.转移注意力，不给"旧伤"复发的空隙

你可以从现在起把你的时间排满，做一点别的事情来转移自己的注意力。打开你的生活圈子，关心你的朋友，你的亲人，淡忘那些痛苦的回忆。

3.找到适当的发泄方式

你可以试着找真诚的朋友听你诉说心里的苦闷，多听听他人的意见，多从积极乐观的角度想事情，微笑着看待生命中的每件事。同时，你也可以尝试其他适合自己的放松和发泄方式，比如逛街、听音乐、跳舞、跑步、看书等。

可见，乐观豁达的态度，无论对于我们自己，还是生活在我们周围的人，都能带来积极的情绪，带来成功。思维心理学专家史力民博士指出："乐观是成功的一大要诀。"他说，失败者通常有一个悲观的"解释事物的方式"，即遇到挫折时，总会在心里对自己说："生命就这么无奈，努力也是徒然。"由于常常运用这种悲观的方式解释事物，无意中就丧失了斗志，不思进取了。

笑对人生，生活不会亏待每一个热爱它的人。生命是一次航行，自然会遇到暴风骤雨，那么，我们该如何驾驶生命的小舟，让它迎风破浪，驶向成功的彼岸？这需要勇气，需要我们以一种平常心去面对！

不需要悲伤，大不了从头再来

悲伤，是一种无用的消极情绪，它改变不了任何事，只会徒增烦恼。其实，洒脱一点更好，大不了从头再来。从头再来，让自己站在一个新的人生起点上，去开启一段新的旅程。人生短暂，我们没有足够的时间停留在唉声叹气上，我们更不能相信所谓命运之神的安排。我们要做的就是：擦亮双眼，用一张充满信心的笑脸去迎接新的挑战，走过去，前面才是一

片天!

失败未必就是坏事。如果你在失败中选择消极应对，那你将会更为堕落；但你如果在失败中选择吸取经验，不断完善，那恭喜你，这次失败对你来说其实是一件好事，因为它带给你的历练及成就远比成功还要丰富。没有昨天的失败，也许未必有今天的成功。人生最大的敌人是自己，只有敢于承认失败的人，敢于从头再来的人，才能最终战胜自己、战胜命运。面对失败，我们没什么可抱怨的，从哪里跌倒，就从哪里爬起来。

1.保持一种"空杯"心态

一个人要想获得成功，将自己摆在一个不断向前的位置上，就要将心里的"杯子"倒空。别让那些成就、经验、利益、学识等东西束缚了自己，时时刻刻准备一切从头再来，敢于向自我挑战。经常如此，相信我们会慢慢获得进步，慢慢取得发展，在成功的道路上越走越远。

2.敢于迎接生活的各种挑战

作为一个现代人，应具有迎接挑战的心理准备。世界充满了机遇，也充满了风险。要不断提高自我应对挫折的能力，调整自己，增强社会适应力，坚信挫折中蕴含着机遇，大不了从头再来。

3.以正确的心态看待失败

大波大浪才能显示人的能力，大起大落才能磨炼人的意志，大悲大喜才能净化人的心灵。人活在世界上，不可能一帆风顺，每个成功的故事里都写满了辛酸。敢于正视失败，能以正确的态度面对失败，不退缩、不消沉、不迷惑、不脆弱，才能有成功的希望。

从头再来，是一种不甘；从头再来，是一种坚韧；从头再来，是一种智慧；从头再来，是一种境界……"锲而舍之，朽木不折；锲而不舍，金

石可镂。"从头再来需要我们忘却昨天的失败，需要我们有一种坚定的信念，以及不达目标誓不罢休的勇气。

抛开悲观的一面，换个角度换种心情

王云是个平凡的女人，她性格内向，不善言谈，穿着朴素。她有一手好厨艺，有一个踏实的老公和一个争气的儿子。在单位里，很多女同事都羡慕她。然而，王云自己却不觉得幸福，她的内心时常悲观、抑郁。

一天，王云和好朋友杨敏闲聊诉苦道："虽然老公对我很好，但是他是农村人，家里经济条件不太好，也没有一个好工作；儿子考上名牌大学了，本该是高兴的事情，但是想到每年都要缴上万元的学费，我就发愁。生活原本就不宽裕，这下子更拮据了。还有啊，我们每个月要给婆婆生活费，这些年我都没享过福，一想起没钱买房子给儿子结婚，我就觉得压力好大。"

杨敏听完王云的诉苦，耐心相劝道："其实你根本不需要悲观，你所担忧的事情，很多都是没发生的。未来的事情怎么发展呢？我们无从预知，何必忧心忡忡呢？再说了，你应该换个角度想问题，你老公对你很好，对家庭尽职尽责，这比起有钱的男人在外面找情人，是不是更让你感到幸福呢？你儿子考上了名牌大学，每年要上万元的学费，但将来会有大出息，他可以创造更多的财富来孝顺你，所以现在的付出是很值得的。虽然你们经济条件不太好，可毕竟都有工作，每个月有工资，还有什么发愁的呢？你看看，如果你这样想是不是觉得生活美好很多呢？"

王云听了杨敏的劝告，脸上露出了会心的微笑，她感觉一下子轻松了很多。

生活中明明遭遇同样的不顺心的事，有些人却能够坦然对待，依然保持一份快乐的心情，而有些人整日郁郁寡欢，钻情绪的"牛角尖"。其实这就是以不同的角度看待问题的结果，能够换个角度看问题的人，痛苦再大，也会以"塞翁失马，焉知非福"的态度来看待不幸。

"你不能延长生命的长度，但你可以拓宽它的宽度；你不能改变天气，但你可以左右自己的心情；你不能控制环境，但你可以调整自己的心态。"其实，我们的生活并不是一无是处，抛开悲观的一面，就能换个角度，换种心情，换种活法。

换一下角度，发挥创新思维，在迈出困境的同时，也许就获得了柳暗花明的改变，那时你会觉得原来一切都没有想象中那么难。什么难题在你这里都不是问题，人生如此，该是何等洒脱、何等惬意。

1.让自己的心淡泊一点

我们不妨学会淡泊一点儿。不要总想着我付出了那么多，我将会得到多少。一个人身心疲惫，情绪波动，就是因为凡事斤斤计较，总是计算利害得失。如果把握一份平和的心态，换个角度，把人生的是非和荣辱看得淡一些，你就能很好地控制自己的情绪了。

2.希望，要时刻留在心里

要知道，每一个明天都是希望，无论自己身陷什么样的逆境，都不应该感到绝望，因为我们还有许多个明天。只要未来有希望，人的意志就不容易被摧垮，前途比现实重要，希望比现在重要，人生不能没有希望。

3.在生活中焕发思维的活力

平日里，你可以选择一些自己喜欢的项目多参加健身活动，在运动中转换自己的思维；节假日，你可以选择离开闹市，多多亲近大自然，享受阳光，这样也能转换你的思维方式，让你能从紧张的工作和生活中放松下来，同时也让你得到重新焕发活力的机会。

常常转动脑筋，你才能足够聪明，否则，就会固守思想，缺乏灵活思维。一个人，如果不善于思考，就无法想出更好的方法，找不到更宽的路子。思路一变难题解，思路一变天地宽。智慧往往有着点石成金的作用。

疏通自己的内心，使情绪得以发泄

水满则溢，人心满了，也同样需要倾诉。曾经有心理学家经过研究证实，作为心理上的应激反应，适时倾诉，能够帮助人们发泄心中的苦闷和忧郁。在倾诉之后，人们心中的压力能够得以缓解，人们的情绪也会变得更好一些。心理学家还认为，如果把很多负面的情绪积蓄在心里，一旦爆发，就会导致严重的灾难。现代社会，有很多人因为抑郁症，选择结束自己的生命，其实都是因为负面情绪在心里不断堆积导致的。假如在最初感到忧郁的时候，及时排遣负面情绪，那么就能疏通自己的内心，使自己的情绪得以发泄。

人是高级动物，人的感情是非常复杂的，而且人的心理也很复杂多变。在现实生活中，每个人都有自身的烦恼，也有自己的情绪和情感，作为高级动物，人的感情是复杂的，有生理需求也有心理需求。生活中每个

人都有烦恼，倾诉是倾泻感情的渠道。很多作家之所以写作，就是因为感到内心深处很压抑，所以才拿起笔，以文字倾诉自己的内心。人的情绪也如同水一样，满了之后就要溢出来。所以我们一定不能始终压抑自己的内心，而要尽情释放自己的内心，更要学会倾诉。当然，倾诉的方式也是很多的，和朋友讲述是倾诉，写日记也是倾诉，或者哪怕是像一棵花或者是一棵树诉说，也同样是倾诉。当我们说出自己的心里话，我们的内心就不会感到压抑，也不会郁郁寡欢。

从本质上来说，人心是非常奇怪的。它时而很大，能够容纳整个世界；时而很小，小得如同针尖一样。所以，人心既能包容万物，也会无法隐藏任何心事。从这个角度而言，倾诉就显得至关重要，唯有懂得倾诉，我们才能缓解心灵深处的诸多压力，也才能排出心理上的诸多毒素，让自己变得更加轻松自如地面对生活。

曾经有心理学家说，我们哪怕和自己说些什么，也都是非常有效的。当我们尝试着和自己交流，我们会感受到发自内心的轻松。实际上，现代社会人们之所以产生很多疾病，就是因为他们心理过于压抑。所以朋友们，要想健康长寿，就让我们从现在开始学会倾诉，始终保持心灵的愉悦吧！

人的心事是很重的。不管什么时候，在人生路上，为了轻装上阵，我们都要学会倾诉自己，从而帮助自己找到心灵的宁静和轻松。情绪能够有效缓解人们内心深处郁郁寡欢的状态，从而帮助人们舒缓心情。任何时候，我们都要学会解放自己的内心，才能更加积极主动地赢得人生的乐趣。

人生苦短，朋友们，不要在郁闷上浪费自己宝贵的生命光阴。任何时

候，我们都要学会释放自己的内心。所谓退一步海阔天空，要想让自己不再郁郁寡欢，我们就要摆正心态，看得开，看得远。

放松下来，不要沉浸在失败的痛苦之中

生活若是遭遇了灾难和不幸，我们本该静下心来寻找新的解决办法，但现实生活中的大多数人却总是不能自已，他们总会纠结在失败的痛苦之中，总会反反复复地考虑：为什么不幸的总是我？为什么我的命运如此多舛？为什么上天总是这样不公平？如果在这时，他们看见了别人正幸福地生活着，他们更会觉得不甘心，觉得自己的遭遇是如此无辜。就这样，他们沉浸在失败的痛苦之中，慢慢地，身心变得越来越颓废，对未来失去希望，内心的斗志已经被失败的痛苦所腐蚀，他们早已经忘记了奋斗，他们只是不断地纠结在过去的失败和不幸之中。意志消沉之后，他们再也没有了挣扎的勇气，就这样，年复一年，日复一日地，如同行尸走肉般地生活着。对于这样的人而言，人生还有什么意义呢？所以，如果我们的生活遭遇了磨难和不幸，要学会放松下来，而不是沉浸在失败的痛苦之中。

一天夜里，小偷潜入了谈迁的家里，但是，小偷发现谈迁家里空荡荡的，根本没有什么值钱的东西。正当小偷失望而归的时候，他一眼瞥见了屋子角落里有一个锁着的竹箱，小偷如获至宝，以为里面装着值钱的财物，就把整个竹箱偷走了。其实，那个竹箱里并没有什么值钱的东西，而是谈迁刚刚写好的《商榷》，对小偷来说，这东西一文不值，而对谈迁来说，却是珍贵的书稿。

二十多年的心血化为了乌有，这对谈迁来说，是一个致命的打击。他已经年过半百，两鬓花白，似乎无力坚持下去了。但是，谈迁没有放弃，他不断地鞭策自己：再写一本将会更精彩。在强大信念的支撑下，谈迁从痛苦中崛起，重新撰写那部史书。十年以后，又一部《商榷》诞生了，新写的《商榷》500万字，而内容比之前的那部更精彩、翔实，谈迁也因而名垂青史。

如果在书稿《商榷》被盗之后，谈迁就一直沉浸在痛苦之中，那估计我们现在已经无法浏览到如此精彩的《商榷》了。值得庆幸的是，谈迁虽然年过半百，但他还是放下了心中的痛苦，不断地鞭策自己，在痛苦中崛起，最终铸就了《商榷》这部传奇。

生活中，有些失败和不幸是不可避免的，我们所能做的就是接受，然后想办法改变现状。如果面对失败与不幸，与其花费时间和精力去痛苦、悲伤，还不如好好利用现有的时间去打磨自己，从而放下内心的不甘和痛苦，然后重新拥抱成功。

第09章

控制烦躁情绪——找到缓解焦虑的方法

控制负面消极情绪，远离焦虑和烦躁

生活中，有很多人都特别情绪化。他们经常因为一些小事情就情绪波动，在有了坏情绪之后，又不注意调整，从而导致影响心情。这些负面情绪在人的心中不断膨胀，最终会如同火山一样积蓄和爆发，从而导致人际关系变得恶劣，我们的身体和心理健康也受到影响。

现代社会，人际关系的重要性已经被提升到前所未有的高度，很多人之间交往，都会受情绪影响，导致彼此产生隔阂感，不知道如何更好地相互理解和体谅。因而，人们在抱怨缺乏志同道合的朋友时，更应该从自身出发，反思自身从而才能让自己心平气和，也与他人搞好关系。此外，除了人际关系，生活和工作都需要我们拥有好情绪。假如我们的情绪始终烦躁不安，我们又如何成就精彩的人生呢？

很多人都喜欢幽谷之中的兰花，也欣赏墙角暗自绽放的梅花，不管是兰花还是梅花，都具有清幽之美，它们的美丽恰恰在于安静，在于内敛。做人也应该如同梅兰竹菊一样，那么高洁，那么清静。这样一来，我们的内心安静了，自然能够有效控制自己的情绪。

当然，也许有些朋友会说，我们需要激情，才能创造辉煌的人生。人

生有追求的确是没错的，我们也确实应该满怀激情地对待人生，然而，人生不会是一帆风顺的，每个人的人生，都既有高峰，也有低谷。当人生遭遇坎坷和困难的时候，我们与其沉沦，不如努力奋进，要知道，当事情到了最糟糕的情况，也就意味着转机即将出现。很多人之所以获得成功，就是因为他们熬过了最艰难的时刻，很多人之所以失败，就是因为他们在即将柳暗花明的时候选择了放弃。由此可见，我们必须保持平静的心态，静心，才能从容迎接人生，勇敢面对人生。大多数心浮气躁的人，都很难有好的心境，也是无法从容拥抱生活的。

尤其是现代社会，生活节奏越来越快，工作压力越来越大，每个人都变得更加浮躁，不知道如何潜下心来面对生活。在这种情况下，静心就变得更加重要。从本质上来说，尽管我们的人生受到客观外界的影响，但是我们的人生如何也同样取决于我们的内心，受到我们内心的影响。心态平和者，与心态浮躁者，拥有的人生是截然不同的。正如人们常说的，心静自然凉，我们也要说，心静才能坦然面对人生，超越人生的一切困境，获得成功的人生。毋庸置疑，每个人都想拥有精彩的人生，都想获得美满的人生，然而，我们很难顺心如意，大多数时候，人们的很多美好祝愿都只能停留在空虚的阶段，大多数人都要不断地奋斗和努力，才能越来越接近理想的生活。

我们还应该知道，这个世界上没有绝对的完美，更没有十全十美。上帝在关闭一扇门的时候，也会打开一扇窗。面对生活的瑕疵和人生的不完美，我们也应该理智从容。

很久以前，有个人特别嫉妒他的邻居。邻居越高兴，他就越生气；邻居越倒霉，他就越高兴。他每天都在恶毒地诅咒邻居家里，希望邻居家发

生天灾人祸。渐渐地，他越来越气愤，身体也很差，因而他居然一怒之下去花圈店买了花圈，送到邻居家，但是他刚刚拿着花圈走到邻居家门口，邻居就迎出来表示感谢，原来邻居的父亲刚刚去世了。这个人马上觉得懊丧不已，回家之后居然郁郁寡欢，生病了。

这个人原本可以过着非常幸福美满的生活，也可以选择与邻居搞好关系，和睦相处。然而，他总是嫉妒邻居，对邻居充满憎恨，却不知道邻居根本对他的负面情绪毫无觉察。最终的结果就是，他郁郁寡欢生病了，邻居却感谢他及时送去的花圈。由此可见，他的囚牢在自己的心里，他的内心不安静，无法做到真正的静心，所以才会时刻受到煎熬。

正如人们常说的，心安是归处。任何时候，我们都必须静心，才能安安静静地迎接和拥抱生活。当我们远离妒忌、愤怒等负面情绪时，我们也会得到更多的和乐安宁，从而获得内心的宁静。只有静心，我们才能坦然面对生活的一切馈赠，才能有效控制那些负面消极的情绪，也才能远离焦虑和烦躁。

积极寻求克服焦虑心理的方法

一位德国哲学家讲过这么一段话：没有什么情感比焦虑更令人苦恼了，它给我们的心理造成巨大的痛苦。然而焦虑并非由实际威胁所引起，其给人的紧张惊恐程度与现实情况很不相称。通常来说，焦虑是无谓的担心。我们要彻底摆脱使人苦恼的焦虑，就要平静身心。

对此，我们应积极寻求克服焦虑的心理策略，下面的自我调节方法或

许有助于你早日摆脱焦虑。

1.挖掘出引起焦虑和痛苦的根本原因

研究发现，很多焦虑症患者患病是有一个过程的，在他们的潜意识中，长期存在一些被压抑的情绪体验，或者曾受过某种心灵上的创伤，并且，这些焦虑症状早已经以其他形式体现出来，只是患者本人没有对自己的情况予以重视。因此，一旦发现自己有焦虑情绪，就应该学会自我调节、自我调整，把意识深层中引起焦虑和痛苦的事情挖掘出来，必要时可以采取合适的发泄方法，将痛苦和焦虑的根源尽情地发泄出来，经过发泄之后，症状可得到明显减缓。

2.尽可能地保持心平气和

要摆脱焦虑，最忌急躁，平和的心态是舒缓焦虑情绪的关键。凡事看淡一些，这对有焦虑症的患者尤为重要。

3.必须树立起自信心

那些易焦虑的人，通常有自卑的特点，遇事时，他们多半会看低自己的能力而夸大事情的难度；一旦遇到挫折，焦虑情绪和自卑心更为明显。因此，在发现自己的这些弱点时，就应该予以重视并努力加以纠正，绝不能存有依赖心理，等待他人的帮助。要树立自信，有了自信心就不会害怕失败。十次之中成功一次，就会增添一份自信，焦虑情绪自然会退却。

人生的平淡和起伏都是生命的轨迹，只有内心平和的人才能体味其中的真谛，因此，我们不妨以平常心看待生活，用心去享受简单生活中的快乐、幸福！

别让拖延成为焦虑的源头

当拖延心理越演越烈，我们就会情不自禁地患上拖延症。所谓拖延症，就是不管做什么事情，都不愿意在第一时间内展开行动，而是必须磨磨蹭蹭等到最后，才勉为其难地开始动起来，就像蜗牛一样。即使已经正式开始开展工作，或者开始做某件事情，明知已经到了最后时刻，但是却步履艰难，似乎很难采取更高的效率开展。不得不说，这已经是拖延症病入膏肓的表现了。

生活和工作中，很多人都有拖延症。也许有人会说，既然提倡慢生活，我们为何要行色匆匆、手忙脚乱呢？慢慢地做事情，慢慢地享受生活，岂不是很好？当然，如果你在度假，毋庸置疑越慢越好。但是，如果你是在工作或者急于做某件事情，拖延只会让你错失良机，甚至给上司或者领导留下很差的印象。既然一件事情注定要完成，我们为什么不赶早呢？早早地完成工作，可以让自己变得更加从容。万一做的过程中有什么意外导致了恶劣后果，也可以有更多的时间想办法去弥补。最重要的是，你必须养成迅速完成某些事情的习惯，这样你的人生才会变得更加紧凑。总而言之，不管从哪个方面来看，拖延症都是有害无利的。众所周知，想得再多，如果都是空想，也毫无益处。只有想到了，马上去做，才能立竿见影。

小王和小李是一起进入公司的，学历差不多，都是本科，能力相仿，经验全都是空白。然而，进入公司半年之后，小王明显比小李进步更大，而且也得到了上司的好评和器重。这是为什么呢？小李百思不得其解，很不服气。

但是，工作不能怄气，为此，他开始观察和研究小王。毕竟，对于他们这样的应届大学毕业生而言，如果不能在短期内证实自己的工作能力，

前途就堪忧了。经过一个多月的观察，小李发现小王有个特点，即不管上司交代什么工作给他，他总是在保证质量的情况下，尽早完成。有的时候，上司明明给了一个星期的时间完成项目，但是小王在第五天的傍晚就交差了。这与小李的做法恰恰相反，因为小李每次都自作聪明地想：如果我完成得太早，上司一定觉得我不够认真，因而会打回来让我修改。如果我拖延到最后一天才完成，那么上司也许即使有些小小的不满意，也不会再打回来让我重做了。就这样，小李每次完成工作都要等到最后一天。虽然上司考虑到他们经验不足，已经给出了好几天的富裕，他也先磨磨蹭蹭地拖延，等到最后几天才开始着手去做。如此一来，小王的项目几乎每次都会返工，然后尽力完善再交给上司。小李呢，前几天很清闲，直到最后匆忙赶时间工作，上司并不说什么。然而，渐渐地，上司更多地把一些重要的项目交给小王去做，只给小李分一些无关紧要的小项目。半年之后，他们之间的差距越来越大，越来越明显，工作水平也不在一个层次上了。

还记得小时候每年暑假，有些同学会在暑假开始的几天完成作业，然后痛痛快快地玩耍，而有些同学却总是先尽情疯玩，直到最后几天才忙不迭地写作业吗？这就是对待学习截然不同的态度和思路，也会在我们成长之后折射到工作和生活中。

为了避免拖延症的发生，我们可以采取给任务分段的方式，把任务按照一定的量分散到不同的时段。此外，还可以用理智缩短完成任务的时间，归根结底，提前完成任务的感觉还是非常好的。当你每次都在拖延，终于有一次积极主动地提前完成任务时，你一定会爱上那种感觉：浑身轻松，接下来的几天都可以过得很惬意。如此一来，你渐渐地就会改掉拖延症，让自己的人生变得更加从容不迫。

为了奖励自己成功战胜拖延症，当你提前完成某件事情或者某项工作之后，完全可以慷慨大方地给自己一个奖励。因为提前完成任务带来的轻松愉悦的感觉，本身就是对你莫大的奖励。如此时间长了，你就会彻底远离拖延症，成为一个守时的人。

避开选择恐惧症，避免焦虑如影随形

有些大学毕业生找工作的时候抱着无所谓的心态，总觉得可以骑驴找马，先随便找个工作干着，养活自己，然后再慢慢地找更合适的工作。有些人则恰恰相反，他们觉得生命宝贵，不能随便浪费光阴。因而，他们总是认真地找工作，恨不得能找到一个可以做一辈子的工作，这样就可以最大限度地积累工作经验，也可以让自己成为公司里的元老，可谓一举两得。不得不说，这两种心态都有些极端。现代社会瞬息万变，处于随时随地的变化和发展之中，一份工作想干一辈子，显然不太可能。同时我们自身也处于不断地成长和发展之中，经验在增加，能力也越来越强，因而也不太可能甘愿在一家公司干一辈子。这就像人们此前热议的跳槽行为，频繁跳槽当然是不好的，但是在重要的人生节点选择跳槽，则可以帮助我们获得更多的发展机会。因而，我们既不能频繁跳槽，也不能始终不跳槽，这必须是根据我们的实际情况做出选择的。

正因为如此，很多人在选择工作中有严重的选择恐惧症。他们觉得这份工作离家近，可以多睡会儿懒觉；那份工作离家远，但是有发展前途；这份工作前景好，可以落户；那份工作报酬高，但是无法解决户口问题，

而且竞争激烈……毫无疑问，每个人都想要得到一份十全十美的工作，但是这是不可能的。因而，在选择工作时，千万不要太贪婪，恨不得得到一切有利的条件。我们应该摆正心态，看看自己最想要得到的是什么，然后才能果断作出选择，也能成功地取舍。

已经大学毕业的付伟，在毕业后半年之内，始终没有找到合适的工作。每当其他同学建议他先找份差不多的工作干着，然后一边积累工作经验，一边骑驴找马时，付伟却总是说："时间多么宝贵，我不能把有限的生命浪费在毫无意义的工作上。我必须找到一份有发展前景且是我真心想做的工作，才能去做。"就这样，当其他同学都已经开始工作时，付伟依然奔波在找工作的路上。一年以后，同学毕业周年庆，付伟才好歹找到一份工作。好朋友问他："你找了一年多，现在的工作让你满意吗？"付伟摇摇头，说："原本我以为只要有足够的耐心，就一定能找到合适的、适合我发展的工作。但是现在看来，这份工作依然不尽如人意。"好朋友笑着说："知足吧。大多数同学都在小公司，你却进了外企，已经很好了。"付伟说："哎外企并不像你们想的那样是天堂，外企也有外企的烦恼呢！总而言之，现状与我的理想相差甚远。"好朋友真诚地建议："千万不要这山望着那山高啊。其实，大多数工作都差不多，我们应该学会适应。社会不会完全让我们满意，适者才能生存。"

没过多久，付伟又辞职了。接下来的几年时间里，他频繁跳槽，不是嫌弃工资低，就是看上司不顺眼，甚至是因为与同事处不来，也或者是离家太远……如此几年时间过去，等到五周年聚会时，大多数同学利用这五年时间脚踏实地地工作，与公司共同成长，已经成为公司的中层管理者。只有付伟，始终在各家公司之间漂流晃荡，依然作为职场新人出现在每家公司的面

试官面前。而且，也因为他跳槽过于频繁，很多公司根本不敢聘用他。

很多大学毕业生都会像付伟一样，因为刚刚从象牙塔里走出来，所以总是眼高手低，这山望着那山高。他们对工作有着太多的奢望，因而总是不停地更换工作，总以为下一份工作会更好。殊不知，当你因为对这家公司的上司看不顺眼而辞职时，下一家公司的上司也许更让你憋屈；当你因为这家公司的待遇不高而辞职时，到了下一家公司却总是延迟发工资。面对这种情况，即使你每个月都换一份工作，也无法获得最终的满意。

与此恰恰相反，没有任何人能够在刚进公司时就有丰厚的回报和和谐的人际关系。因而，我们必须学会合理面对这一切。如果你能够脚踏实地地在一家差不多的公司干下去，那么几年以后，你就是当之无愧的老员工，既有资历，经验也越发丰富，对公司的企业文化等了解得也更透彻。如此一来，升职的机会怎么会不率先青睐你呢？

很多人之所以在职场上取得成功，并非仅仅因为他们选择了一份对的工作，也并非因为他们有多么出众的才华。更多的情况下，职场上的成功人士成功的原因是，他们能够脚踏实地地工作，从不抱怨，更不挑三拣四。他们相信只要自己努力付出了，为公司创造价值，公司就会给予他们相应的回报。如此中肯和贴切的态度，也能够帮助你获得职场上的成功。

焦虑时更要控制心绪，尽快恢复平静和理智

在影视剧上，你是否看过这样的镜头：人们因为一些事情感到烦扰，结果越烦越导致焦虑不安，最终错误百出，使心情更加郁郁寡欢……这是

个恶性循环的怪圈，很容易让人们陷入其中，无法自拔。理智的人，在焦虑的时候会努力地使自己恢复平静，因为他们知道所谓的歇斯底里或者抓狂，其实对事情是没有任何帮助的。

一个人要想真正做好一件事情，首先应该做好万全的准备，既要想到光鲜亮丽的成功，也要想到灰头土脸的失败。你把最坏的结果想好，也就有了充足的心理准备。这样，即使事情达不到你的预期，也不会为此焦虑不安，觉得难以接受。归根结底，一个人要想做好一件事情，必须平心静气，保持淡定从容，因为唯有如此，我们才能集中精力投入其中。前文我们说过，专注是一种强大的力量，而全心全意则是专注的前提。愤怒和抱怨往往使我们心神不宁，也使成功离我们越来越远。当你调整心态，调节心情，感受专心致志地做一件事情的魅力时，你就很有可能收获意外的惊喜。总而言之，我们需要专注，不要暴戾和抱怨。当你感到一切都很烦乱时，一定要控制心绪，尽快恢复平静和理智，这样才能从恶性循环的怪圈中跳出来，让自己无限接近成功。

柳岩是一名税务工作人员。每天，她都要在嘈杂的税务大厅里工作八个小时以上。对于很多人而言，税务大厅吵闹不止、人声鼎沸的环境是难以忍受的，但是十几年来的工作经验已经能够帮助柳岩在这样的环境里保持专心致志，保持心平气和，保持高效的工作效率。

一天，税务大厅里有很多前来咨询的人，柳岩格外忙碌。也许是因为等待的时间太长了，有几个人冲到窗口，七嘴八舌地问柳岩一些税务问题。这时，柳岩刚刚处理完前一个客户的问题，因而转向一位神情焦虑的中年女士。虽然在这位女士提问时，旁边的一位男士也在争先恐后、喋喋不休地说着，但是柳岩丝毫不为所动，依然全心全意地帮助女士解答问

题。直到女士心中的疑惑消除，柳岩才转向那位男士，说："对不起，请问您有什么问题吗？"男士不耐烦地说："我刚刚已经说了一遍了，你有没有在听啊？"柳岩面带微笑，说："不好意思，我刚刚在处理那位女士的问题，没有留心您在说什么。现在，请您再复述一遍好吗？"男士忿忿不平地说："明明已经说了一遍，还让我再说一遍，简直口干舌燥啦！"柳岩不温不火，说："不好意思，先生，我一次只能处理一个问题，耽误您宝贵的时间了。"男士听到柳岩这么说，也不好意思继续发火，只好又说了一遍自己的问题，柳岩很快就解答了他的疑问。

在年度评选时，柳岩因为工作效率高，服务态度好，被评选为年度优秀员工。当记者问她是如何做到在嘈杂的环境中保持平静的心情和高效率的工作时，她笑着说："我每次只能为一位客户处理问题，这是我无论怎么努力都无法改变的。所以，我只会为一个客户全心全意地服务。当我最终为每一个客户全心服务，就得到了他们所有的满意。"

的确，一个人分身乏术，不可能同时为很多客户服务。柳岩正是因为清楚这一点，所以不管她所在的窗口前多么忙碌，她都始终能够保持平和的心态，专心致志地为眼前这位客户答疑解惑，处理问题。也正因为如此，她才能得到每一位客户的认可，成为年度优秀员工。

外界客观环境越是复杂，我们就越是应该保持内心的平静和理智。否则，一旦我们的内心失去把持，与外界的环境融为一体，我们就会随波逐流，也变得心乱如麻，导致一切更加混乱。这样的恶性循环，对于事情的好转没有任何帮助，只会导致事情变得更糟糕。

每个人都不可能做到三心二意，不管做什么事情，我们都必须集中精神和意志，才能达到预期的效果。

其实，人生很多时候之所以陷入低谷，并非是因为面对的问题太多，而是因为一切的问题都失去秩序，变得太混乱。如果我们不分轻重主次地做事，就会导致本末倒置，效率低下。因而，越是当很多事情挤在一起涌到你的眼前时，你越是应该保持清醒理智的头脑，从而帮助自己更好地将清思路，分清主次，集中精神攻克难题。

放下焦虑情绪，让心安宁下来

有人说过这样的话，人生的冷暖取决于心灵的温度。可如今这社会就像一个大熔炉，把我们的心也烧得沸腾、喧嚣起来，忙碌紧张的生活更是让我们的心焦虑不安。我们常常会担忧：要是失业了怎么办，这个月又该还房贷了，我好像老了……令我们焦虑的问题实在太多了，而由此引起的负面情绪会一直纠缠我们，哪还有快乐可言？唐代僧人神秀曾作一偈："身是菩提树，心如明镜台。时时勤拂拭，莫使惹尘埃。"实际上，任何一个人，行走于世的时间长了，心灵难免会沾染上尘埃，让自己的心安静下来，淡然面对一切，快乐就不会减少。我们身边有很多每天都开心生活的人，他们的共同特质在于，无论外界多么嘈杂，他们始终为自己的心灵留一片净土。

蓝迪曾是一位陆军军官，后加入一家管理咨询公司，在这家公司，他是除了创始人以外的唯一不是工作狂的人。

再后来，他去了另外一个国家，创办了自己的公司。这家公司的员工工作很努力，因此，公司发展得很快。而他们则很羡慕蓝迪，因为蓝迪的工作

很简单，每天只参加重要客户的会议，其他事务都授权给年轻合伙人处理。

蓝迪认为领导者应该懂得把握主要工作，他把所有精力用于思考如何在与重要客户的交易中增加获利，然后安排用最少人力达到此目的。

在下属看来，蓝迪几乎是个超人，他似乎没有同时遇到过三件以上的急事，通常一次只有一件，其他的则暂时摆在一旁。为蓝迪工作的人在时间效率上充满挫折感，因为同蓝迪比起来，他们的效率实在是太低。

可以说，蓝迪是个工作效率高的领导者。他之所以能成功管理自己的团队，就是因为懂得抓大放小，放下那些琐事，把主要精力放在更为重要的事情上。

从这里，我们可以看到，让内心安宁，能帮助我们活得更轻松。同时，内心安宁、不焦虑也是让我们不断前进的保证。相反，面对激烈的竞争，面对瞬息万变的环境，那些内心焦虑的人往往看不清楚真正的自己，也就不能及时察觉自身的缺点，不能用最快的速度修正自己的发展方向，必然会在学业和事业中落伍，被无情的竞争淘汰。

现实生活中，一些人在人生发展的道路上不能静下心来，焦虑的他们把命运交付在别人手上，或者人云亦云，盲目跟风。他们忽视了自己的内在潜力，看不到自身的强大力量，甚至不知道自己到底需要什么，不知道未来的路在哪里，于是，他们浑浑噩噩地度过每一天，从事自己不擅长的工作和事业，以至于踟蹰不前，一直无所成就。

别忘了，在闹市中，要想不断进步，就要放下焦虑的情绪，让心安宁下来，只有这样，才能发现自己的缺点或者做得不够好的地方，然后加以改正，使自己不断进步，并能扬长避短，发挥自己的最大潜能，从而不断获得成功。

第10章

消除不满情绪——做一个内心善良而丰满的人

与其苦苦抱怨，不如积极寻求改变

有这样一则寓言故事：

一只猫头鹰在森林里急促而忙碌地飞着，一旁的喜鹊看见了，就好奇地问他："老兄，你究竟在忙什么？"猫头鹰气喘吁吁地回答："我在忙着搬家。"喜鹊非常疑惑地问："这树林不是你的家吗？你干吗还要再搬家呢？"听了喜鹊的追问，猫头鹰叹了口气，说："唉！在这个树林里，我实在无法待下去了，这里的每一个人都讨厌我的叫声。"喜鹊对他的处境也深表同情，就委婉地说："你的歌声实在令人不敢恭维，尤其是在晚上，更是打扰大家，所以大家都讨厌你。其实，只要你把声音改变一下，或者在晚上闭上嘴巴不要唱歌，在这林子里，你还是可以继续住下去的。如果你不改变自己的叫声或夜晚唱歌的习惯，即使搬到另外一个地方，那里的人还是照样会讨厌你的。"

这则故事的寓意很简单，相信大家看完后都明白其间的道理。朋友们，不要总是对生活存在那么多的抱怨，多改变自己，少埋怨环境，每当埋怨环境，或者觉得环境对我不公时，我们如果想到自身因素，心态也就平衡了，心里也就舒坦了。自己改变了，该来的一切都会来。改变自己，

更能让不满的负面情绪烟消云散。

小雪和老公阿翔刚刚结婚两年多，最近闹起了离婚。其实小雪和阿翔之间并没有太大的矛盾，有些事情听起来还让人感觉非常可笑。小雪认为阿翔身上有很多让自己难以忍受的恶习，比如：下班回到家，鞋不是放到鞋架上，而是脱在哪儿就扔在哪儿，包也是往床上随意一扔；每次做饭，总是放太多盐，饭菜不合自己的口味；每次喝完酒，总是澡也不洗、脚也不洗，连衣服都不脱，就一身酒气地横在床上呼呼大睡；从来不知道好好整理自己的东西，把家里搞得一团糟……

每次发生这样的事情，小雪都感觉不堪忍受，让他改掉这些毛病，刚开始时阿翔还不说什么，经常赔个笑脸，但是时间长了，每当小雪再数落时，阿翔便开始还击，于是一场家庭大战便不可避免了。慢慢地，阿翔总是很晚才回家，到家后也保持沉默，两人的矛盾逐渐升级，最后发展到闹离婚的地步。

小雪回到娘家向妈妈痛诉阿翔的种种"恶行"，此时妈妈对她说："我和你老爸过了一辈子，我也一直试图改变他，但是到最后我发现，这种想法只能给我们带来更多的争执和烦恼。以后你在婚姻里要学会多去容忍对方的缺点，婚姻中更多的需要减法而不是加法。你要试着发现阿翔身上的优点，你想想每次只要他在家，他从来不让你下厨，工作也很上进，一心一意对这个家，工资卡也是让你保管，你要学会宽容他。"

一味地改变他人只会让彼此的关系越来越糟糕，每个人都有自己的小缺点，你对别人不满，别人也并不见得对你处处喜欢，所以不要过于苛刻地对待他人，无关原则的小事我们忽略也无妨。

抱怨环境不好，往往是因为我们适应能力太弱；抱怨天气太恶劣，是

因为我们的心情正是糟糕的时刻；抱怨别人太吝啬，恐怕是我们的心胸不豁达；抱怨别人不关心我们，也许是我们也同样没有在乎别人。因此，在抱怨之前不妨试着先改变自己，也许一切都会大相径庭。

社会上，每个人都扮演着不同的角色，人与人之间要相互理解与包容，如果想要改变别人，应该首先从自己身上着手，改变别人是一件困难的事，但改变自己就简单得多。我们要更好地发现自我能改变的地方，给自己一次改变的机会，从而影响别人，进而实现愿望。

1.把自己对外界的要求降低一点

人们对新环境的适应性差，大都与其事先对新环境的期望值过高、不切实际有关，当你按照这个过高的目标来执行而最终落空时，难免会产生失落感，就会感到事事不如意、不顺心，必然影响情绪，与环境格格不入。

2.谦虚一点，严格要求自己

在许多情况下，我们轻易地责备他人，常常是为了表明自己的高明，当然有时也有推卸责任的目的。古人讲"但责己，不责人"，就是要我们谦虚一些，严格要求自己，这样对人对己都有好处。只要你懂得了严格要求自己，你对外界的不满也会少很多。

3.先冷静下来，想一想

一件事你觉得不能容忍，想要表达不满的时候，请先闭上眼睛深呼吸30秒，之后再想想自己抱怨完了事情会不会改变，这样久而久之，你遇到事情时就不会一开始就发表不满情绪，而是积极寻找解决的方法了。

其实，每个人都蕴含着无限的能量，只是大部分人没有发挥出来而已。你不逼自己一把，真的不知道自己到底有多优秀，所以我们应该懂得

挑战自己的极限，不断改变自己、超越自己，让自己迸发出惊人的力量，这样你才能看到一个全新的自己。

不去羡慕他人，而是让自己变得更好

人们普遍有一个毛病，那就是这山望着那山高。尤其是对于自己已经拥有的东西，大多数人都不会特别珍惜，而对于自己没有的或者不具备的优点，则总是羡慕他人。难道他人所拥有的就一定是好的吗？作为男人，你羡慕别人的老婆比自己老婆漂亮，却不知道别人的老婆从来都是十指不沾阳春水，而不像你家的黄脸婆一样对你百般呵护和爱护。作为女人，你羡慕闺蜜的丈夫是个不折不扣的大富豪，却不晓得闺蜜经常一个人深夜独守空房，忍受丈夫的朝三暮四和拈花惹草。总而言之，上帝总是公平的。一个人不可能拥有全部，因为人不是神，不可能十全十美，也不可能随时随地满足自身的所有欲望。

如果一个人总是羡慕他人，就难免会感到自轻自贱。实际上，无论我们多么羡慕他人，都不可能改变我们的命运，只有珍爱自己，从自身的优点和缺点出发，扬长避短，才能更好地发挥自身的优势，成就与众不同的自己。职场上，也不乏有人常常羡慕他人的职位比自己高，薪水比自己多。所谓只看到贼吃肉，没看到贼挨打，很多情况下，我们总是觉得别人的生活无限好，似乎别人眼中的月亮也比我们眼中的圆。殊不知，别人说不定也在羡慕我们呢！如果我们因为羡慕别人而变得沮丧，甚至影响自己的生活，可就太得不偿失了。与其把大好的时间浪费在羡慕他人上，不如

把这些时间用来提升自己，完善自己，这样才能把自己变得更优秀。

有一只鸟儿一直被人圈养在笼子里，饿了有饭吃，渴了有水喝，风吹不着，雨也淋不着，每天都快快乐乐的。还有一只鸟儿生活在大自然里，虽然每天都要倚靠自己辛苦地捕捉食物，叼来树枝筑巢，但是自由自在。有一次，这只自由的鸟儿看到笼子里的鸟儿，问："你在笼子里生活得幸福吗？"笼子里的鸟儿摇摇头，满面悲伤地说："当然不幸福。鸟儿就应该在天空中翱翔，像你一样。""但是，我很辛苦的，我每天都要四处找吃的，常常忍饥挨饿，还会遭遇风吹雨打，有一次我差点儿被闪电劈死呢！"自由的鸟儿说。笼子里的鸟儿依然很羡慕地说："我宁愿被雷电劈死，也不愿意一辈子都待在这个笼子里。我想要自由，哪怕付出生命的代价。"就这样，这两只鸟儿很快成了好朋友，自由的鸟儿给笼子里的鸟儿讲述外面的精彩世界，笼子里的鸟儿也因此变得更加憧憬外面的世界。

一个偶然的机会，主人在喂完鸟儿之后忘记关好笼子的门了，笼子里的鸟儿见状赶紧飞出来，自由的鸟儿说："你难道真的要放弃这个安乐窝吗？"笼子里的鸟儿毫不犹豫地点点头，说："我一定要像你一样，感受自由。"自由的鸟儿说："那我就进到笼子里了，你可别怪我占了你的窝啊！"笼子里的鸟儿已经飞得很远了，根本没听到自由的鸟儿说的这句话。没过几天，这两只鸟儿都死了。笼子里的鸟儿虽然得到了自由，但是根本没有生存的能力，在一个风雨交加的夜晚，饥肠辘辘的它饿死了。自由的鸟儿进入笼子里之后，虽然吃喝不愁，也不会遭受风雨，但是却失去了自由，再也无法在天空中自由地飞翔，很快也郁郁寡欢地失去了生命。

从这个小故事我们不难看出，虽然我们非常羡慕他人的生活，但是自己却未必适合拥有他人的生活。每个人的人生都是不可复制的，唯有选择

适合自己的人生，才能活出属于自己的精彩。就像穿鞋子一样，水晶鞋虽然漂亮，但是后妈的女儿即便削掉了一半的脚后跟，也穿不进去。灰姑娘呢，尽管蓬头垢面，但是水晶鞋却是为她量身定制的，她轻而易举地就穿上了。这就是命运的安排。

很多情况下，人们总是习惯性地对自己拥有的一切不知道珍惜，对自己的幸福熟视无睹，却一味地盯着他人的生活，总觉得他们的缺点看起来也那么可爱。这样的心态无疑会严重影响我们的生活。只有想清楚这一点，我们才能更加从容地拥抱自己的生活，享受自己的生活，创造自己的生活！

世界如此之大，每个人都有属于自己的生活方式，我们唯有更加尊重自我，珍爱自我，才能不断发掘自身的潜力，完善自我，提升自我，直到满足自我。花费大量的时间羡慕他人，不仅对自己的生活于事无补，反而还会扰乱自己的心绪，不如从现在开始全心全意地欣赏自己，取长补短，这样才能不断进步，不断充实，从而活出属于自己的精彩人生！

学会善待自己，不要因缺憾而自怨自艾

人生难免有遗憾，智者说："没有遗憾是最大的遗憾。"确实，如果生命中没有一丝遗憾，那么生活也就失去了别样的精彩，我们也就少了很多丰富的体验，没有遗憾，我们的生命也就少了很多或光彩、或暗淡的时刻，是不完整的。

人的一生中，缺憾、挫折是难免的，欢声笑语和痛苦同在，烦恼与幸

福共存，成功与失败共在。追寻成功的路上，我们对成功苛求越多，失败时的痛苦也就会越深，这也是心理学中所说的智能越高，对苦闷的觉察就越敏感。

事事追求完美，想要获得一百分，表面上看，这是一件十分好的事情。但实际上，它却会使人陷入一连串的恶性循环之中，使人陷入一种瘫痪的感觉。研究证实，完美主义者往往过度重视和渴望来自外界的赞美和认同，甚至为之上瘾，他们拼命地努力，就是为了得到无休止的赞美和许可，以保持内心的平衡，以满足他们内心对赞美的需要，最终让自己成为功利的奴隶。此时，成功既不能给完美主义者带来什么成就感，也不能带给其完整、独立的自我感觉。其实，我们应该感谢那些生命中的遗憾，同时又不沉浸在遗憾中，而是善于忘怀过去，懂得把握现在。如此，我们才会带着一颗自由之心跨越尘世，才会拥有一股力量面对当下，赢得美好未来。

曾经有一对金婚的夫妇接受记者采访，白发苍苍的女人说，她曾在婚前对自己这样约定，自己列出丈夫的10个缺点，当遇到这些事情的时候，就会无条件原谅丈夫。这引得主持人十分好奇，当他问及这10个缺点是什么的时候，这位老妇人说，我根本没有列出10个缺点，当丈夫的缺点一一暴露的时候，她就说服自己，这是自己写的10个缺点，是可以原谅的。风雨同舟，他们共同度过了半辈子。

人无完人，每个人都有缺点，只要无伤大雅，我们不妨带着宽容的心，不过分苛求自己和别人，这样也是对自己心灵的一种解放。如果在美丽的大海边，你只太过于在意一粒细沙，随着时间的流逝，那么这粒沙就会在你的心中久经岁月，最后让自己的心变得一片荒芜。不去在乎眼中的

沙子，其实并没有想象中那么困难。

在追求目标的过程中，我们有时也过度追求完美，其实，我们完全可以收获另一种不同的成功。

没有人能够一直按着自己的目标前进，总会有所偏差，也没有人每一步都是标准的，就像一个人无法每一次都能打中十环一样。生命中总有缺憾，对于我们而言，关键的不是我们取得了多少辉煌的成就，而是看我们是否能坚定信念，不轻易放弃，坚定不移地走好每一步，保持好的心态，根据实际情况不断修正自己的目标，这样才会收到意想不到的惊喜。

过于苛求往往还隐藏着偏执与自我压抑，严重影响我们的身心。过于苛求自己的人通常会给自己很大压力，因此更焦虑，身心俱损，长期处在这种情绪下容易走上极端，不少人年纪轻轻就患上各种心理疾病，比如抑郁症，这就是过于苛求完美的结果。

如何从追求尽善尽美的诱惑中摆脱出来呢？

1.对自己的能力要有个正确的估计

不要在自己的短处上去与人竞争，而是要正确评价自己，在自己的长处上培养起自尊、自信。

2.重新认识"失败"和"瑕疵"

不必为了一件未做到尽善尽美的事而自怨自艾，没有"瑕疵"的事物是不存在的，盲目地追求一个虚幻的境界只能是劳而无功。

3.为自己确定一个可以实现的短期目标

寻找一件自己有能力做好的事，然后去实现目标，把事做好。这样你的心情就会轻松起来，做事也会比较有信心。

过分苛求自己，事事追求完美，只让人很痛苦。完美是心中的理想世

界，你可以在内心中向往它、塑造它、赞美它，但它并不是客观存在的，它只会使你陷入无法自拔的矛盾之中。一个人只有经受住失败的悲哀才能到达成功的巅峰，亡羊补牢，犹未为晚。不必事事追求完美，不要因缺憾而自怨自艾，学会善待自己。

别抱怨自己的牌烂，拼搏让你扭输为赢

一个人坐在牌桌上，却沮丧地发现自己抓到了一手烂牌。在这种情况下，应该怎么办呢？果断放弃，还是纠结不已？答案都不对。正确的做法是，拿起这副烂牌，好好整理，然后找到其中的王牌，从而精心设计，巧妙出牌，最终扭转局势，让自己至少输得不那么难看，运气好的话还可以大逆袭，来个扭转局势，扭输为赢。每一个赢得牌局的人，也许未必有一副好牌，但是一定有一颗想要赢牌的心。当你鼓起勇气拼搏，当你勇往直前不退缩，你就会知道，拼搏的勇气是能够创造人生的奇迹的。

现代社会，万事"拼"字当头。孩子上幼儿园要"拼"，春节回家坐车要"拼"，出去旅游要"拼"，甚至结婚也要"拼"，才能在好日子定到酒楼。在这个人满为患、处处熙熙攘攘的时代，凡事离开"拼"字，似乎就不成气候了。那么，我们如何才能拼出属于自己的精彩呢？那就是抓得一副好牌要拼，努力打出好成绩；抓得一副烂牌更要拼，不到最后时刻决不能认输，更不能为了一时的安逸选择放弃。对于个人而言，唯有拼搏才能创造辉煌。对于一个企业而言，唯有拼搏才能取得好的发展。对于这个社会而言，唯有拼搏，才能不断奋进。由此可见，"拼"充满着我们的

人生，是我们人生的支柱，也是我们人生永恒的动力。从这个角度而言，即使抓到烂牌也不要气馁，只要拼搏，你总能够改变命运，掌握命运。

曾经，有个年轻人无数次追寻成功，都因为遇到困难不能坚持而最终放弃。就这样，他一事无成，万分懊恼，因而只得找到苏格拉底，想要探求成功的秘诀。苏格拉底一言不发，而是把年轻人带到郊外的一条河流旁，虽然年轻人满腹狐疑，但是显然苏格拉底不想解释什么。在年轻人困惑的目光中，苏格拉底毫不犹豫地跳进冰凉的河水中，而且还招招手，示意年轻人也跳进河里。尽管疑惑不解，年轻人还是照做了。苏格拉底站在年轻人身边，猛地把年轻人的头摁到冰冷的河水里。年轻人突然间感到窒息，因而挣扎着把头抬出水面。不等他喘息一口，苏格拉底再次毫不迟疑地用力把他的头摁进水里，年轻人这次更加不顾一切地挣扎，好不容易才把头露出水面喘息了一下，结果苏格拉底又一次把年轻人摁到水里。显然，年轻人感受到自己的生命受到威胁，不遗余力地挣扎着，刚刚把头露出水面，就赶紧逃到岸边，不敢离苏格拉底太近。

苏格拉底看到年轻人逃离了河水，依然一语不发地离开河水，转身就走。显然，年轻人还不知道苏格拉底这是什么意思呢，因而赶紧瑟瑟发抖地追上前去问个究竟："大师，恕我愚钝，我实在不知道您刚才是什么意思啊？"苏格拉底站住之后漠然问道："刚才你的头被摁在水底时，你最想得到什么？"年轻人脱口而出："当然是空气啊，人如果不喘息，很快就会窒息而死的。"苏格拉底平静地说："假如你能够像渴望得到空气一样渴望得到成功，你就肯定能够成功。这就是成功的永恒秘诀！"

苏格拉底的这句话已经流传了千百年，一直都在警醒着世人们，对待生活必须怀着强烈的欲望和坚定不移的信念。唯有如此，才能支撑我们在

各种充满艰难险阻的情况下，不抛弃不放弃自己，始终不遗余力地勇往直前。

毋庸置疑，生活中有很多人都有迫切的渴望，他们希望自己的明天能比今天好，希望自己苦心经营的事业能够更上一层楼，这是人之常情。然而，很多人不知道的是，只有拥有坚强必胜的信念，只有拥有挡不住的拼搏勇气，我们才能真正主宰命运，才能成为命运的主人，掌控自己的人生。在任何情况下，勇气的力量都是惊人的。我们唯有借助勇气的力量，才能接连战胜生命中接踵而至的艰难困苦，才能鼓舞自己始终保持昂扬的斗志，一路向前。面对磨难，你如果充满勇气，就能征服磨难，否则，你就会被磨难征服，斗志全无，人生自然也会变得黯淡无光。对于任何人而言，人生都只有宝贵的一次机会，是不可复制更是不可重来的。我们唯有做好自己，才能勇往直前。

不要让宝贵光阴陷入忧愁和烦恼之中

人之所以会产生抱怨的情绪，是因为现实和理想之间存在一定的差距。出现了差距，也就意味着不满意，苦恼和郁闷也就产生了，因此，也就产生了对自己的抱怨情绪。同理，对别人的抱怨也是同样的，你之所以会怨恨别人，就是因为他们没达到你的预期，让你不满意。就像有些人总是奢望那些无法企及的事物。所以，他们会哀叹自己际遇不如人，甚至在无法获得时心生怨怼，大肆地抱怨。其实我们本身就很幸福，实在找不出埋怨的理由。

张女士是一位职场女性，在工作中兢兢业业三十多年，好不容易有评选正科长的资格，她的各项条件都很优秀，岂料，该企业的总经理却在关键时刻不给她开"绿灯"，让她一生为之奉献的工作也没有一个完美的收尾。为此她心里对那位总经理怨恨不已，直到很多年后，她心里的那种愤恨仍然不能平息。

就这样，因为心情不好，原本退休后可以享受闲暇时光的张女士，身边有儿女相伴，本该是快乐的，却老是感到身体不适。到医院检查后，配合治疗了一段时间，但情况并没有好转。

后来一位心理医生开导张女士说："一个人只有做到忘记怨恨，才能从不快的痛苦中解脱出来：否则，无异于拿别人的错误惩罚自己。"李女士听后心情就豁然开朗起来，终于从心里忘记了那些微不足道的怨恨，并主动去那位总经理家登门拜访。经过一番推心置腹的交谈，双方的误解也就烟消云散了，身体的不适也不治而愈。从此笑容常常挂在她的脸上。

的确，一个人心中若总是有愤恨的情绪，这种情绪的堆积演变成负面的念头输入潜意识中，那他的命运就无法好转了。

人与人之间有矛盾是不可避免的，人不是独立的个体，我们总是和身边的人不断接触，无论与陌生人还是自己的知己好友，谁又能避免磕磕碰碰的事情发生？世界本来充满矛盾。谁又能完全远离那些摩擦呢？

1.宽容对待别人的攻击

宽容地面对别人的攻击行为，不管别人怎么攻击都不为所动，自己走自己的路，别将时间浪费在这些争吵中，不让别人影响自己的情绪，更不让它左右我们的生活，始终相信清者自清，这样不仅能够让自己尽量不受到别人的伤害，而且能使自己以更好的状态去面对人生中的各种矛盾。

2.投入到积极的事情中去

不要将时间放在那些没有意义的事情中去，我们可以将更多的精力投入到积极的事情中去。这个世界本就是为了要给你发展天赋本能而存在的，天生我材必有用。培养自己的能力去做对全体人类有利益的事，正是你不可推卸的责任。

就是现在，马上让你的头脑和双手动起来，把你的每一天的每一顷刻，都变成饶有意义的生命内容。

3.敢于否定自己

当我们的内心被一些错误的情绪控制和支配的时候，我们就会固执地认为自己的一切都是对的，别人都是错的。在这种错误思想的支配下，心胸难免就要狭隘一些，抱怨的语言也就会多一些。这些东西对于保持空杯心态是非常不利的，因此，我们应该敢于否定自己。

诚然，从感情上来讲，谁也不愿意去否定自己，有不少人认为否定自己是自卑的表现。实际上并不是这样，否定自己并没有我们想象得那么丢人，相反，对自己进行否定还是一个严格要求自己的表现。因此，我们没有必要有这样的心理包袱。

你的宝贵光阴不要虚度在无限的忧愁和烦恼之中，不要与身边的美好失之交臂，去做更加有意义的事情吧，奋发上进的生命是不会有容纳无益的抱怨和不满的余地的。只有放下这些负面情绪的干扰，才能走向成功。

第二章

放下仇恨情绪——豁达一些方能救赎自己

让仇恨在心中化解，发现生活的惬意

现代社会，随着科学技术的进步和生活节奏的加快，在面对繁琐、复杂的人际关系时，在个人利益与其他利益相互冲突时，人们似乎不再那么心平气和了，一些人甚至选择了 "人不为己，天诛地灭"这一观念，心胸变得狭隘，为了一些小事大打出手，口吐污言秽语，行为败坏。当然，这样的人毕竟是少数，但如果换位思考，心胸宽广一点，定会化干戈为玉帛，在放过别人的同时，也放过自己，否则，只能陷入仇恨的怪圈之中。

在古希腊神话中有这样一则故事：

一个人行走在马路上，突然看到一个小球挡住了自己前进的路，于是，他便准备踢走这个小球。谁知，这个球居然越踢越大，此人觉得很奇怪，于是继续踢，谁知道，这个球居然不断膨胀，顶天立地，吓得此人畏惧不已。这时，雅典娜女神出现了，告诉他，这个小球叫"仇恨"，如果你不去碰它，它会安然无事，如若遇到不断的撞击，它就会加剧膨胀，一发不可收拾。

这就是仇恨的"球"，它并不是生长在路边，而是生长在我们的心中。每当你为一件小事仇恨时，它就不断膨胀，而当它膨胀到堵塞了心灵

天空时，终会爆炸……

其实，大家都向往幸福。我们应该心存感激地生活。仇恨不会让你快乐，无疑，它是你感情上的累赘。你所恨的人，对你曾经做出的伤害也许是无意的，仇恨却使你产生报复的行为，反过来，被报复的对方也会拿起反抗的武器。正所谓冤冤相报何时了，将心比心，你知道恨一个人的痛苦，何必要多一个人来承受痛苦呢？

因此，不要再执拗地将仇恨放在心里，这会让你失去理智。仇恨有什么意义呢？何不放下它，保留一个完美的结局，而非"两败俱伤"。当仇恨在心中化解时，你会发现做人原来是这样轻松惬意，幸福原来是这样唾手可得，人生是这样美妙神奇。

那么，我们应该怎样摆脱以牙还牙的想法呢？

1.学会宽容，懂得忍耐

宽容不仅是给别人机会，更是为自己创造机会。

只有忘记仇恨，宽宏大量，才能与人和睦相处，才会赢得他人的友谊和信任，才会赢得他人的支持和帮助。

2.转换角度，找出事情良性的一面

每件事情都有两面性，有好的一面，也就有坏的一面。人之所以仇恨，就是因为只看见了坏的一面，如果试着向好的一面看，仇恨也许会消除。

"爱人者，人恒爱之。"仇恨则使人们相互倾轧、相互远离，是让我们相互依存的同盟分裂、瓦解的东西，所以，丢掉仇恨，也就拯救了自己。虽然生活中的很多小事是仇恨的根源，而事实上，只要学会放下，心中就会装满愉快。与人为善，即与己为善；与人方便，即与己方便，或许

你会因此活出自己的新天地。

远离仇恨也是在宽容自己

在日常生活中，我们难免与别人产生误会和摩擦，如果对他人产生仇恨之意，仇恨便会悄悄成长，最终会堵塞通往成功的路。如果仇恨是火的话，这团火藏在你的心里，而你一直仇恨的对象却在你的心外，那么这团火就只烧着你自己的心，对方或许连一点点热度都感受不到。所以，放下仇恨吧，远离仇恨，学会宽容对方，那么也就是在宽容自己。

仇恨就像一粒种子，最终会种出人际间的不信任、敌意、怀疑……如果这仇恨的种子被到处播撒的话，那么，它不仅会危害到个人的生活，还会影响到整个社会。

在热带海洋，有一种奇异的鱼，名叫紫斑鱼。它的奇异之处，并不是它身上的斑，而是它浑身长满的毒刺。

紫斑鱼常常会因愤怒而用毒刺攻击其他海洋生物。它内心越是仇恨，毒刺散发的毒性就越大，对其他生物的危害就越大。根据紫斑鱼的正常生理机能来看，一条紫斑鱼一般能活到七八岁，但实际上紫斑鱼活不过两岁。这是为什么呢？

问题还是在毒刺上：在用毒刺攻击其他生物时，紫斑鱼越是满怀"仇恨"，它的毒刺攻击得越毒越狠，对别的生物伤害越深，对自己的伤害也越深。因为它心中的"怒火"在烧毁别的生物的同时，也在烧毁自己，最终使自己五脏俱焚，一命呜呼。

然而，世间万物，被自己所伤、败给自己的，又岂止紫斑鱼？那些总是满怀仇恨的人，那仇恨之火不也在伤害他们自己、毁灭他们自己么？

生活中，我们周围的任何一个人，都可能成为我们仇恨的对象。然而，就在我们仇恨他人的同时，我们的身心也被灼伤。当内心被愤怒燃烧的时候，身体的其他器官也会因分泌旺盛而受伤。此外，仇恨还可能使我们行为反常、烦躁易怒，最终变成一个十足的讨厌鬼。

仇恨的产生并不是无缘无故的，任何人都不会随便恨一个人，仇恨的产生往往是因为他人做了伤害我们的事。在认清这一点后，我们应该找到灭火的方法，仇恨来自自己心中，是无法通过改变仇恨对象而得到缓解的。因此，我们应当积极地在自己身上寻找问题，而不要任仇恨之火肆意蔓延。

仇恨最可怕的地方在于，如果不主动浇灭内心的仇恨之火，那么，它便会无休止地蔓延开来。

排解仇恨情绪是一个净化心灵的过程。我们可以尝试说服自己：他之所以这样做，是有一定缘由的，我应该原谅他。然后，慢慢地让自己接受现实，从心底理解和原谅他人，进而让仇恨情绪随着时间的推移逐渐淡去。另外，我们应学会宽容，让自己不再那么容易受伤，这样才能防患于未然，不让仇恨之火轻易燃起。

人生在世，既然存在人际交往，就会产生摩擦、误解甚至仇恨。如果心中始终装着自己给自己编织的"仇恨袋"，生活只会如负重登山，举步维艰，最终堵死自己的路。假如你不愿意宽恕，这个重担将一辈子跟随着你；若通过宽恕，克服情感上的伤害，你便可以让自己痊愈。

敌人的打击，是你努力的动力

中国人常说：人比人，气死人。这话没错。人们似乎已经习惯了拿自己与他人对比，而一比，就会发现，自己事事不如人，在众人面前抬不起头来，这样无疑加重了自己的心理负担。

现代社会中，人们之所以感到压力大，很多时候是因为无谓的攀比，比吃、比穿、比住……结果最终导致自己崩溃。这就好比自行车轮胎和汽车轮胎，如果你本是："自行车轮胎"，根本无法承载汽车轮胎所能承载的重量，却逞强好胜，最终只会被压爆。如果我们注重内心世界的感受，或许能淡化争强好胜的心。

美国街头有一名男子，弹着吉他，为过路的人演唱。有一个中国姑娘路过，很吃惊，问这男子，这么年轻为什么在街头卖唱。这男子说，我觉得这样很好，能给大家带来幸福！我每天过得很充实，不觉得低贱。难道只有金钱可以决定幸福与否吗？

从这件事可以看出，价值不是用金钱与物质衡量的，幸福不是金钱带来的。只有放下对物质的追求，注重精神世界的充盈，才能真正活出自我，得到真正的幸福。然而，这种虚荣的焦虑心理具有一定的普遍性，要调整这种心理状态，我们应该客观地认识自己，认识面子问题，不要对自己提出超出自己实际的期望值。

现代社会中，人们不可能像陶渊明一样，完全做到"隐于市"，但至少可以以正确的心态对待竞争。良性的竞争有助于自我鞭策与激励，充实内在；而恶性的竞争会使人陷入为达目的誓不罢休的地步。诚然，我们少不了竞争对手，但我们绝不可对其恶语相加，甚至大打出手。实际上，人

们在被对手贬低的时候，都会有一种反击的心理。你的打击可能是让对手努力的动力。

每个人都不应该固步自封，而应该不断充实、超越自己，但积极不能过了头，不能演变成争强好胜。每个人的目标都应恰到好处，只有切合实际的超越、对比，才会使自己不断进步，才能使自己受益多多，才会让生活充满活力！

从对方角度考虑，理解并减轻心中怨恨

仇恨是人类情感的毒素。我们看到，仇恨所产生的报复在这个世界上随处可见。因为仇恨，有些人剥夺他人的生命；因为仇恨，亲人间反目成仇；因为仇恨，朋友间老死不相往来。仇恨的后果是危害社会，使别人受到伤害，同时自己也受到伤害。冤冤相报是我们所不愿看到的。其实，面对他人的伤害、欺骗等行为，如果我们能从对方的角度考虑，便会理解他的处境，从而减轻乃至消除怨恨。

一次，我国著名书法家启功先生在北京参加书法调研活动之余，与同行者游玩，没想到，居然有人问他："我有启功的真迹，有要的吗？"启功说："拿来我看看。"那人把字幅递给他。这时，随启功一起来的人问卖字幅的人："你认识启功吗？"那人很自信地说："认识，是我的老师。"

随行者转问启功："启老，你有这个学生吗？"对方刹那间陷于尴尬、恐慌、无地自容之境，哀求道："实在是因为生活困难才出此下策，

还望老先生高抬贵手。"启功宽厚地笑道："既然是为生计所迫，仿就仿吧，可不能模仿我的笔迹写反动标语啊！"那人低着头说："不敢！不敢！"说罢，一溜烟地跑走了。同来的人说："启老，你怎么让他走了？"启功幽默地说："不让他走，还准备送人家上公安局啊？人家用我的名字，是看得起我，再者，他一定是生活困难缺钱，他要是找我借，我不是也得借给他吗？当年的文徵明、唐寅等人，听说有人仿造他们的书画，不但不加辩驳，甚至还在赝品上题字，使穷朋友多卖几个钱。人家古人都那么大度，我何必那么小家子气呢？"

这里，我们看到了一个老艺术家心灵上的通透之境，充满着一种"身心无挂碍，随处任方圆"的大气和洒脱。他的襟怀比之古人，可以说是有过之而无不及，他的一番话表达了对穷苦人民生活状况的关心，更体现了他的善良。

可见，宽容是一种美德，是对犯错误的人的救赎，也是对自己心灵的升华。不要总是认为对方怎么伤害、得罪了你，给你造成了多少损失，而应该想想这件事值不值得你伤神，想想对方是不是值得要你发火。他是故意的还是无心的？平日待你如何？给对方一个机会，就是给自己一个机会。对于一些人，原谅，远远要比惩罚来得有效。也许只是一时的失误，也许只是一闪而过的歪念。人总有犯错误的时候，宽恕他人就是救赎自己！

生活中，与他人交往的过程中，不免会产生许多小摩擦、小误会、小睚眦，对此，如果能转换一下思维，多体谅他人，怨恨的情绪也就能减轻甚至消除了。

千万不要因为报复心失去理智

　　人是群居动物，聚集在一起生活、学习和工作，难免会磕磕碰碰。在这种情况下，我们应该以宽容大度的胸怀容纳别人，即使别人不小心伤害了我们，我们最应该做的也应该是原谅，而不是牢记于心，睚眦必报。否则，生活就会陷入"冤冤相报何时了"的怪圈，无法得到解脱。

　　一个人如果被报复心胁迫，不仅会做出伤害他人的事情，也会使自己无法得到解脱。心中时时牢记报复的人，自己也会生活得不快乐，甚至比被报复的那个人更加痛苦。举例而言，一个人为了报复别人，从很远的地方提着一坨大便去那个人的家门口洒，也许被报复的人要忍受一时的恶臭打扫污物，但是报复他人的那个人却要忍受漫长一路的恶臭，甚至还有不小心弄到身上的危险。因为报复心的充斥，人们很容易丧失理智，做出让自己追悔莫及的事情。

　　张晓霞的心里七上八下的，就像打翻了五味瓶。为了报复自己的丈夫，如今的晓霞众叛亲离，失去了亲人和朋友的支持。事情的起因是晓霞的丈夫王雪峰有了外遇。晓霞与丈夫是大学同学，恋爱了七年才结婚，因此，当知道丈夫在自己怀孕五个多月的情况下居然有外遇的时候，晓霞的脑子里变得一片空白。她怎么也想不明白，自己和丈夫是有感情基础的，生活也很和谐，为什么丈夫要在自己怀孕的时候与别的女人偷情呢？尽管丈夫再三表示悔改，亲戚朋友也都劝晓霞理智对待，但是晓霞一想到丈夫背叛了自己，就极度不平衡。她不愿意就这样结束此事，她要报复，要让丈夫对她的痛苦感同身受。

　　首先，晓霞想到的就是打掉孩子。她知道，这是对丈夫最致命的一

击，因为丈夫很喜欢孩子。晓霞几乎没和任何人说，瞒着自己的父母，当然更没有告诉丈夫，去医院把胎儿拿掉了。看着空空的肚子，晓霞的心里也空空的，她更恨丈夫了，她觉得这一切都是丈夫的背叛造成的。不久之后，晓霞就为了报复丈夫而和一个有家庭的男人有了私情，每当和那个男人在一起的时候，晓霞并不爱他，心里有的只是报复丈夫的快感。渐渐地，那些原本同情晓霞的亲戚朋友都开始同情起王雪峰来，毕竟他失去了即将出生的孩子，也遭受了晓霞的背叛。亲戚朋友开始劝说晓霞，晓霞却在报复心的驱使下失去了理智，最终，当那个男人的妻子闻讯赶来给了晓霞一个耳光时，晓霞才知道自己和丈夫的那个小三一样可恨。看着如今心灵千疮百孔的自己，晓霞不知道应该如何面对。

在这件事情当中，晓霞原本是个受害者，却因为失去理智的报复而又伤害了另外一个无辜的女人，而且还失去了自己的孩子。常言道，虎毒不食子，对于有着五个多月身孕的晓霞来说，如果不是失去理智，如何能够杀死自己腹中的胎儿呢？是报复心使她彻底地失去了理智，也使事情朝着无可挽回的方向发展下去。

在生活中，每个人都会犯错误，虽然有些女人能够容忍丈夫因为一时糊涂而出轨，有些女人不能容忍丈夫的出轨，但是孩子是无辜的。不管我们的心中多么恨，多么无助，我们都要理智地思考，从而找出最恰当的解决问题的方法。

千万不要因为报复心失去理智，否则就会做出使自己追悔莫及的事情来！

第 12 章

理顺职场情绪——给予工作和社交足够的热情

热爱你的工作，去创造出类拔萃的成绩

身处职场，可能很多人会觉得自己的工作是繁琐的、枯燥的，其实，一件工作有趣与否，取决于你的看法。对于工作，我们可以做好，也可以做坏；可以高高兴兴和骄傲地做，也可以愁眉苦脸和厌恶地做，如何去做，完全在于我们。所以，只要你在工作，何不让自己充满活力与热情呢？无论你现在从事什么样的工作，都应该学会热爱它，即使这份工作你不太喜欢，也要尽一切能力去转变，并凭借这种热爱去发掘内心蕴藏着的活力、热情和巨大的创造力。事实上，你对自己的工作越热爱，决心越大，工作效率就越高。

当你抱有这样的热情时，上班就不再是一件苦差事，工作就变成了一种乐趣，就会有许多人愿意聘请你来做你热爱的事。如果你对工作充满了热爱，你就会从中获得巨大的快乐。

朱莉现在已经是一家连锁餐饮企业的老板了，现在的她，每天脸上都挂满笑容。而六年前，她只不过是一家餐厅的侍应生，她的丈夫保罗也只不过是一名交警。虽然那时候他们每天都很快乐，但都梦想着有一天能拥有自己的事业。他们特别喜欢冰激凌，并为经营冰激凌店做了一些调查工

作，却没有发现合适的机会。

有一次，一个客人来店里吃饭，朱莉无意中和他聊了几句，原来，对方是一家名为"酷圣石"的冰激凌店的老板。这引起了朱莉的兴趣，经过数次的拜访和考察，她和丈夫一致认为这就是他们长期以来所寻找的机遇。于是，他们决定冒险投资。

当你进入朱莉的这家冰激凌店之后，会发现，朱莉工作起来是如此热情洋溢。不论你什么时间去买冰激凌，夫妻二人中总会有一个人守在店里，与此同时，保罗还保留着交警的工作。他们确实是在享受自己所做的工作。

那么，如何才能做到热爱并做好自己的本职工作呢？

首先，专注于你的工作。

只要专心致志地做好自己的本职工作，就会产生良好的绩效，就会有成就感，对工作的热爱也就在无形中产生了。只有热爱才能全神贯注，在全神贯注之中又能自然而然产生热爱。当然，在开始的时候难免会有些困难，但只要你反复对自己说："我正在从事一项了不起的工作。""这是多么幸运的工作啊。"于是，你对工作的态度自然而然就有了转变。

其次，在择业之前，你应该考虑自己的兴趣。

如果你真的不喜欢这份工作，怎么也提不起兴趣，觉得自己正度日如年，那么，你不必强颜欢笑，你需要做的是找到自己的兴趣所在，然后寻找一份适合自己的工作。

没有热情的努力是白费的，也是没有效果的，热爱你的工作，你才会珍惜你的时间，把握每一个机会，调动所有的力量去创造出类拔萃的成绩。

与人为善是改善人际关系的一个主要原则

人与人之间的感情很微妙，再好的朋友，三天不联系，关系也会冷淡下来；而和那些我们不想与之深交的人"朝夕相处"，我们也会从心理上接受他。可见，友谊需要我们悉心地维护。在人际关系的维护中，我们必须要有一份从容的好情绪，毕竟人与人是不同的，我们不可能让每个人在刚开始就接受我们，交往过程中，也会因各种原因而产生隔阂、误会等，对于此只有好情绪，才能让我们以宽广的心胸去包容、以理智的思维去解决。

马克是一家大型汽车公司的职员，由于工作出色，不到两年的时间，他一路高升，坐到了经理的位子。而几位当初和他一起进公司的员工，限于能力和机会，至今仍保持着原状。因此在与大家相处时，马克总觉得不太自然，甚至还有些战战兢兢。

刚开始，为了避免老同事们指责他过于高傲，也为了表现自己的诚意，他三番四次地请这几位老同事吃饭，而且说话比过去更加小心、客气，但这似乎并没有帮助他消除误会，反而让这些人背后嚼舌根子，认为马克肯定是借请客吃饭爬到了今天的位子。马克最终落了个"赔了夫人又折兵"的后果。

马克静下心来想清楚后，决定不要让自己再受那些心理包袱的折磨，轻装上阵，焕发了往日的大将风采。公事上，马克不再逢迎那些老同事，谨记"大公无私"的原则，若是自己的直接下属，就采取冷静的态度，奖惩分明，说一不二，绝不再抱"大家都共事这么多年了，算了吧！"的想法。只要态度诚恳，就不怕对方误解生气。私底下，仍然与他们保持一定

距离，投契的就当作朋友一般看待，不能合拍的，也不再刻意去改善。若不属于自己的直接下属，公事上很少相交，那就更简单好办了，平日见面，也就直接"友善"一下。

马克的经历告诉我们，与人为善是改善人际关系的一个主要原则，尤其是对与自己合不来的人，但我们更应该做到从容面对，不丧失自己的原则，这才是立世之本。

那么，怎样才能做到从容面对？

1.主动交往，关心对方

人们参与交际的一个潜在动力是寻求呵护，因此，与人交往的过程中，如果你能主动关心他人，帮助他人，让对方的心理需要得到满足，对方一定会感到莫大的呵护感，因而更加信赖你，未来交际的可信度与有效度也会明显提高，对方与你交往的渴望程度也会大大加深。

2.弱化和朋友间的竞争

人与人之间，尤其是朋友间，最大的致命伤就是激烈的竞争，包括嫉妒。竞争，尤其是恶性竞争，着实会让人感到危机四伏，也会让友谊产生裂痕。因此，不妨主动向对方表明心迹，这样，对方也会以诚相待，愿意与你接触，和你发展友谊。这是优化交际环境、提高交际质量的根本策略。

3.注意交往适度

与朋友接触，的确可以加深感情，但要注意度，即使再亲密的朋友，也需要有个人空间，如果你为了结交朋友而占有对方的私人空间，恐怕就会事与愿违了。

我们要想保持友谊，就需要持续地接触，但维护人际关系，需要我

们不骄不躁、从容应对，这样，只有这样，你才能攻破对方最后的心理防线，成为其真正意义上的朋友。

与同事处好关系，不给自己增加麻烦

王丹丹是一个踏实肯干的女孩子，能够很好地完成老板交给的任务。所以老板对她很是器重和信任，把一些较为复杂的工作放心地交给她去做。

更让王丹丹感到自豪的是，只要自己一从老板办公室出来，大伙儿就对自己亲热起来，问长问短。原来，大家总是想从王丹丹口里套到有关公司的机密。为了和大家打成一片，王丹丹就把公司的一些事儿告诉了大家。

可是，慢慢地，王丹丹发现如此的"牺牲"并没换来同事的真心。一天同事小李在背后说："一个连老板都敢出卖的人，估计不是什么好人，谁敢和她走得近！"听到这种话，王丹丹欲哭无泪，心情非常低落，不知如何是好。

王丹丹为何出现当下的苦恼？其实这种坏情绪的产生主要是因为她不懂如何处理同事关系，不知说话分寸，从而惹下麻烦，造成内心的烦闷。在工作中，如果你不懂同事相处的原则，那你就极易陷入被动，你的工作压力及心理压力将会越来越多。

张子龙和李鑫大学毕业后被分到了同一家单位的同一个科室的同一个办公室，两年来一起协作搞了许多工作，是一对"黄金搭档"，领导对他

二人的工作能力和业绩都十分满意。可不久前上边公布的升职名单里却只有李鑫而没有张子龙。原本平起平坐、不分伯仲的同事、搭档，突然间地位转变，一个要服从另一个的领导。这实在令张子龙心中愤愤难平，仿佛一盆冷水浇透全身。这让他见了李鑫不仅别扭起来，而且越想越不服气，再加上其他同事的同情和"关心"，张子龙痛苦至极，继而就对李鑫产生了不可遏止的敌意。

对此李鑫并非全无知晓，却并没有在意张子龙的敌视情绪，甚至对他的一些冷嘲热讽以及同事们的恭贺和夸赞也表现得极为冷淡，到处传播"其实张子龙工作能力比我强，只是不善表现自己，才让我得了这个便宜"的舆论。并且在工作中还像以前那样，该干什么都抢着干，而且还不时客气地问张子龙是否需要他帮忙。

所有这一切都令张子龙十分感动，也终于服气了领导为什么就没看上他，也许就是因为自己没有这个度量和胸怀吧！于是满腔的愤慨和不平都渐渐消退，自己也终于得到了平衡。两人的关系又回到了当初的友好、和谐状态。后来才知道竟然有人曾想借此事无中生有，离间他俩的关系，以达到个人目的，想来他就后怕。

人在职场，竞争在所难免，如果你眼里容不下他人，那你将会产生无尽的烦恼和憎恨，这些消极情绪将会对你的职场生涯极为不利。所以，我们应该做一个有胸怀的人，真诚待人，努力学习他人的优点。当你的心态积极阳光了，那你做起事来也更有成效，你的人格也越来越令人敬重。

良好的同事关系，会使你保持健康的心态、愉快的精神，成为你取之不竭的力量源泉，从而激发出自身巨大的潜能，在工作中不断创造奇迹。所以，在与同事交往中，无论表现出"斗争"的一面抑或合作的一面，你

都要尽力去把感情维系好，这对己、对工作都是有利的。那么，在这方面，是否有什么技巧可言呢？

1.不可随随便便就交心

同事之间，只有在大家放弃了相互竞争，或明知竞争也无用的情况下，才会有友谊的存在。否则，交了真心，动了真感情，只会自寻烦恼。比如说，甲与乙是同级，而且是好朋友，只有一个升级的机会。如果甲升了级，乙会没有升，乙怎样想呢？

2.不要太过于随便

同事之间的交往不可以太随便，太随便了就可能会干扰到彼此的生活。特别是在个人隐私愈发得到尊重和保障的时代，现代人很少希望自己的私生活受到打扰。想一下，如果你因为太过随意打扰了对方，那对方跟你的关系就会出现问题，当矛盾产生，你的心情也会受牵制，最后也会对工作造成很多不必要的麻烦。

3.积极主动地去改善彼此关系

工作过程中可能会遇到各种各样的意想不到的问题，灵活的解决处理是十分重要的。在和同事产生一些利益上的纠葛，双方关系变得紧张和冷淡的时候，要学会主动与对方改善关系。创造一个良好的工作氛围，既有利于提高工作效率，也有益于人的身心健康。

4.不拿别人的错误惩罚自己

与同事相处，难免会遇上烦心事，譬如说，某某人对你有意见，某某人在领导面前打你小报告等。碰到这样的麻烦，你要学会不在乎，别自寻烦恼，尽量不要往深处想。对于这类事情，你最好是能够像健忘症患者那样转身就忘，千万不要因为这些事情而生别人的气。

要想搬开职场社交中的"绊脚石"，仅靠别人给你开的药方是远远不够的，还需要你经常审视自己的工作及社交方面的能力，进行经常性地自我反省，就像每天必须洗脸照镜子一样。这样，你才能在完善自我中做到更好。

热情会让你充满朝气，也更讨人喜欢

当热情退却、志向不在，坏情绪一下子涌过来时，人们常常会变得消沉、烦躁、得过且过。所以，不要丢弃你的热情。时刻叮嘱自己，活着就要有种力量，千万不要浑浑噩噩混日子，也不要沉醉于往昔的成就。热情会让你充满朝气，让你更讨人欢喜，让你活得更加芬芳。

汪晨是一个很有才气的女孩，但她的性格是内敛的，她不愿轻易表露自己的内心，尽管她对每个人都心存善意，但一般不会表现出特别的热情。进入一家广告公司工作一段时间之后，她就发现自己远远没有另外一个女孩雯雯受欢迎，雯雯在业务方面远不如自己，却早她一步被提升为副主管。对于这一点，汪晨有一肚子的疑惑，后来她找到了学习心理学的小姨，希望她能够帮自己解开谜团。

小姨就问汪晨，雯雯有什么特别的地方？她想了想，说："也没有别的，就是她在公司里，无论见到认识或不认识的人，都会主动打招呼，至少会报以微笑。虽然我对她的升职感到不服气，但是在一件小事上，我还是特别感激她的。那还是我刚到公司的第一天，我对同事们都不熟悉，内向的性格迫使我不会主动与他人来往，很多事我都不知道该怎么办，同事们都在埋头做自己的事，过了一个小时，雯雯过来找我，问我：怎么样，

还顺利吗？有没有需要帮助的？食堂就在附近，中午你想去的话可以和我一起走。那一刻，来到新环境手足无措的我，十分感激，觉得她真的是个好人。但是毕竟公司是要业绩的地方，难道凭借这一点，她就可以升职吗？"小姨听了她的诉说，笑了笑说："晨晨啊，其实副主管这个职位，和单纯的业务员、策划专员不一样，在这个职位上的人，要能够协调好公司内部人员之间的关系，创造一种和谐、温馨的氛围，这样才能让大家更好地做事，而这个雯雯，确实很适合这个职位。"

汪晨意识到了自己观念的错误，她开始有意识地改变自己内向的性格，学着打开自己的心扉，热情地对待身边的每一个人，学着照顾别人，慢慢地，人缘也越来越好了，她的心情也越来越愉悦。

职场中，一个热情待人的人和一个冷漠沉闷的人，你会喜欢哪个？相信大家很容易就会和热情的人打成一片，因为这种力量能给人带来好的氛围，能让大家的距离更近，相处也更欢乐。所以说，我们应该带着热情出发，让身边多一点快乐。

另外，热情不仅是人们行动的动力，也是速度和效率的制造者。我们很难看到一个热情的人行动迟缓，做事拖拉。相反，充满热情的人大都是步履如飞，行动快捷，很有效率的。而速度和效率在个人成功中是很重要的东西。

如果没有了热情，生活就会变得毫无意义，人生的目标就渐渐消失了，人就不是在生活了，而仅仅是在生存。热情之火同崇高的目标都可以催人奋进，使人努力，让人保持健康，延长自己的寿命。怀有旺盛热情的人往往能够享有更长的生命。

那么，我们该如何做一个热情的人呢？

1.拥有适度的童心

不管你处在什么年龄，都要用童心看待整个世界，要随时保持热切期待的心态。孩子们总是抱着渴望、好奇的态度，觉得这个世界充满了惊奇和未知。每一天对他们来说都是探险，所以，他们总是全身心地投入每一天。这种态度值得成年人学习。

2.有一颗幽默的心

幽默热情的人，不会过于执着自己形象的权威性，他们善于用适当的幽默使人放松警惕，并将自己的微笑传播给对方，从而使别人更乐意接纳他们，在别人心目中塑造自己的幽默形象，以增强个人的号召力、凝聚力，成就一番事业。

3.保持积极向上的心态

如果你不满意自己的现状，想改变它，那么首先应该改变的是你自己，如果你有了积极的心态，能够积极乐观地改善自己的环境和命运，那么你周围所有的问题都会迎刃而解。一个热情的人必须具备乐观向上的心态，这样才会传达出更为阳光的能量。

假如你是个充满热情的人，那么，即使你身处茫茫无边的沙漠，你也会与漫天黄沙交朋友；而倘若你缺乏热情，那么沙漠中的绿洲也不足以让你欣喜。生活，或幸福或苦恼，不在于他物，而在于你的本心及态度。

发现工作中的乐趣，热情是最好的催化剂

正如奥格·曼狄诺所说的那样："热情是世界上最大的财富。它的

潜在价值远远超过金钱与权势。热情摧毁偏见与敌意，摒弃懒惰，扫除障碍。热情是行动的信仰，有了这种信仰，我们就会无往不胜。"

工作需要热情，如果带着倦怠被迫去工作，那么工作上也不会有什么成就，你的生活也会痛苦不堪。

一个人如果对工作是倦怠的状态，总是萎靡不振，消极对待，敷衍了事，对工作总是不耐烦的样子，工作对于他来说无疑是苦差，他越做越难以排遣心里的苦闷，在事业上也很难有发展空间。只有改变这种状态，才能发现另一番景象。

小杰克13岁时就到父母的加油站帮忙。爸爸分给他的是一份接待客户的工作。他主要负责接待客户和简单的擦拭汽车工作。小杰克虽然心里不情愿，但不得不服从父亲的安排。

在他工作的这段时间里，每到周末，总有一位太太带着她心爱的车来进行清洗和打蜡。虽然她十分爱惜她的车，但是明显车辆已经十分破旧了。车的表面坑坑洼洼，清洗起来十分麻烦，可是这位太太却不这么认为，还总是诸多挑剔。每次清洗完成，她都要认真检查整辆车，连一个小角落都不放过，直到满意为止。

对于小杰克来说，这简直是一种折磨，其他客户哪里像这个老太太这样吹毛求疵。终于，他觉得自己的忍耐已经到极限了，告诉自己的父亲不想接待这位太太了。可是爸爸告诉他说："孩子！要时刻记住，这是你的工作！不管客户说什么，你要做的就是热情周到地对待他们，让他们满意。"

小杰克十分困惑，可是他也相信，爸爸是对的，他便决定给自己一个机会，像爸爸那样试试看。从此以后，不管那位太太如何挑剔，他都会保

质保量地完成自己的工作，并给这位太太一个大大的笑脸。老太太看到他的转变，惊喜地对小杰克的爸爸说："你儿子真是变了，变得更优秀了，你是怎么做到的呢？"听到老太太的夸奖，再看看爸爸满意的笑容，小杰克感到干工作更有劲了。从那以后，小杰克每当看到客户的汽车远远开来时，不等父亲吩咐，就会十分主动地跑过去迎接他们。客户看到他再也不是原来那个爱噘着嘴干活的小家伙了，反而带着满脸快乐的笑容，自然也十分高兴，偶尔还和他聊几句，说一些趣闻，小杰克觉得客人也开始变得有趣起来了。他也将更多的热情投入到工作中，人们都愿意让他给擦车。

在以后的职业生涯中，小杰克始终牢牢记着父亲的教诲。他投入热情让工作快乐起来，长大后成立了自己的公司，他回忆说："这份工作经历使我懂得了在工作中热情是多么重要的东西。这些东西在我以后的职业生涯中起到了非常重要的作用。"

其实，如果在工作上总是一成不变的话，任何事情都会枯燥无味的，何不像小杰克一样，在工作中充满激情，发现惊喜，获得自己事业的成功呢？

那么，怎样提升自己的工作热情呢？

1.明确工作的目标

必须明确工作的目的。知道自己在为了什么而工作是非常重要的。如果是为了理想，为了展示自己实实在在的价值，为了被他人和社会需要和认可，为了没有白活一生而工作，而不仅仅是为了一份薪水而工作，那么你就会感到快乐，感到工作总是与激情相伴的。

2.保持平和的心态

想保持对工作的热情，自我调试是关键。在职场中，总是有一些不

尽如人意的地方，同事相处不融洽，上司的严格要求，工作上的难题，这时不要过分地苛责自己，要认清一些事实，要充分认识到我们并不能控制和改变工作中的全部事情，工作中一定有自己擅长的内容与难以胜任的工作。这样当我们在工作的过程中，能够直面工作中的压力，以更加稳健的步伐，在职场中走得更稳、更长久。

3.不断树立新的目标

其实，在工作中，我们都是周而复始地重复，不妨在这些类似的工作内容中，给自己制定一些新的目标，把这些作为一个个新的挑战，让自己的工作变得不那么枯燥、乏味，从工作中获得快乐。每个小小的目标的背后都隐藏着一份份的惊喜，每天都是不同的，发掘新鲜感。如把自己拖很久的工作完成。当这些问题一个接一个地解决后，一丝小小的成就感也就油然而生，这种新鲜的感觉让我们保持职业热情，消灭职场中的倦怠。

工作是否有趣全都是由你自己的想法决定的。对于工作，我们可以选择做好，也可以选择做坏。可以高高兴兴和骄傲地做，也可以愁眉苦脸和厌恶地做。如何去做，这完全在于我们。所以只要你在工作，何不让自己充满活力与热情呢？热情是世界上最大的财富，没有谁能抵得住它的魅力。热情能让自己专注，能感染他人，能创造奇迹，热情是成功最好的催化剂，发现工作中的乐趣，让自己在工作中闪亮发光。

多看他人优点，多多赞许他人

现代社会中，人际关系已经成为头等难题，困扰着想要搞好人际关

系、从人际关系中得益的人们。那么，如何才能处理好人际关系呢？除了要做到最基本的尊重、信任和理解之外，处理好人际关系也是有技巧的。例如，在与他人交往的过程中，我们可以多多赞许他人，抬高他人，从他人的优点出发，让他人的自尊心和自信心得到满足。在此过程中，我们也可以多多学习他人的优点，努力提升自己。如此一举两得，何乐而不为呢？

一个人最大的优点并非是不知道自己的优点，一个人最大的缺点却是没有自知之明，不知道自己的缺点。任何人想要获得进步，首先应该克服自身的缺点，补足自己的短板，然后再把优点发扬光大，从而取长补短，扬长避短。当然，要想更加快速地进步，我们还要多多发现别人的优点。生活中，那些进步神速的人无一不是善于学习他人优点的人，倘若一个人总是觉得自己处处都比别人强，不愿意和别人学习，而把别人看得一无是处，那么他永远也无法获得进步。其实，在这个世界上根本就没有十全十美的人存在，我们应该能够接纳和包容他人的缺点，不要总是把眼睛盯着他人的缺点看，而要更加关注他人的优点，向其虚心学习。很多时候，一个人的缺点里也会蕴藏着优点，因而与其把眼睛盯着他人的缺点看，不如更加努力地发现他人的优点，这样反而会对自身的提高起到积极的作用。

大学毕业之后，小雅和小梦一起进入公司。她们都是应届大学毕业生，因而起点完全相同。不过，在进入公司半年之后，小雅和小梦的差距越来越大，她们的发展也有了悬殊之别。原来，小雅是一个非常积极上进的人，但却有一个缺点，即总是自以为是，不管看谁都瞧不起，总觉得别人都不如她。为此，她仗着自己是名牌大学毕业，根本不把其他人看在眼里，即使是公司里的老员工，她也觉得他们学历低，不如自己。为此，小

雅虽然自身能力的确很强，而且工作表现也不错，但是却总是不招人待见，导致人缘很差。相比之下，小梦的人缘却很好。虽然小梦毕业的学校没有小雅的学校好，但是小梦特别谦虚。进入公司之后，她对于每一位前辈都特别尊重，即使对于小雅，也恭敬有加。有一次，小梦在上司面前说起小雅，说："领导，我真的觉得小雅特别优秀。您看，她不但名牌大学毕业，而且能力很强，工作上总是表现突出。我自叹不如啊，我必须好好向小雅学习，也努力提升自己。"后来，上司又问小雅对于小梦的评价，小雅却毫不客气地说："小梦啊，不得不说，她可真不像是个本科生。不但学历差，能力也不足，也就是个打杂的材料，无法委以重任。"经过这两次谈话之后，上司对于小雅和小梦有了自己的判断，他不再重用小雅，而更加器重小梦。上司认为，一个自以为是的人是不可能取得进步的。

上述事例中，小梦总是看到他人的优点，因而能够把他人视为自己的榜样，主动提升自己。小雅呢，虽然的确学历很高，能力很强，但是她却自以为是。她的眼睛里看不到他人的优点，自然也就不会主动自发地学习他人，提升自己。上司无疑慧眼识人，马上意识到小梦的前途不可限量，而小雅必然受到自以为是的局限。因而，上司做出了正确的抉择。

一个杯子如果满了，是无论如何再也装不进其他东西的。一个杯子唯有空着，才能装进去东西。这也就像是人的心态。假如一个人总觉得自己无所不能，必然不会潜下心来提升自我。相反，假如一个人觉得自己还有很多东西需要学习，还有很大的空间可以提升，那么他才有进步的动力。生活中，要想与他人搞好关系，我们不如更多地看到他人的优点，从而多多赞许他人，努力提升自己，这样才能不断进步，勇往直前。

第13章

修复失落心情——别让疲乏的情绪侵占身心

懂得调节自己，为简单生活添点彩

生活是简单、单调并且现实的，我们并不是活在锦衣玉食、花团锦簇中，我们必须为生活、家庭、事业奔波，很多时候，我们真的累了。而其实，只要我们懂得调节自己，就能为简单的生活添加色彩。

在他人看来，刘云应该是个很幸福的女人，她家庭和睦，丈夫事业有成，她每天都有大把的时间做美容、逛街。但谁又知道全职太太的烦恼呢？即使把所有的名牌都买回家，也不能填补内心的空虚；即使打扮得再漂亮，丈夫也没时间多看一眼。更为烦躁的是，她每天的生活太简单了：早上7点钟起来，准时为丈夫和儿子做早饭；8点钟送丈夫出门；中午11点，她开始为自己做午饭；下午3点钟，喝下午茶、做美容；5点钟，开始为丈夫和儿子准备晚饭。

其实，这样的生活已经五年了，但最近刘云觉得内心特别焦躁，她在想，如果人生剩下的几十年都要这么活下去的话，那该多悲哀？

后来，刘云的一个姐妹劝她："你现在还年轻，手上也有资金，为什么不自己开个小店呢？"

"开什么店好呢？"刘云问。

"宠物店啊，你不是最喜欢那些猫猫狗狗的吗？再说，你住的是别墅区，周围都是有钱人，肯定能挣到钱。"

朋友说得对，刘云将自己的想法告诉了丈夫，谁知道，他竟然同意了。说干就干，刘云现在门店的生意十分红火，有了生意，自然也就有了干劲。

我们要有个好心态，用平和的心态去面对生活的平凡与简单，并努力让生活变得不单调，从而让自己享受持久的快乐。其实，平凡本身就是一种幸福，你需要做的是，体验一种平凡、持久的快乐。

因此，忙碌的人们，从现在起，不妨先善待自己，让自己的身心都偷一下懒吧：

（1）每天出门前将自己打扮得干净、利落一点，然后照照镜子，对自己笑笑；

（2）每天睡觉前读点书，读书让我们的灵魂不再空虚；

（3）偶尔写写文字，将自己的心情记录下来；

（4）买适合自己的衣服，不要让衣服束缚你的身体；

（5）可以偶尔变换一下穿衣风格，换换自己的心情，也给别人一个惊喜；

（6）经常变换发型，当然要与服装搭配；

（7）交几个聊得来的朋友，在生活中遇到什么事情，他们能诚心诚意地给你提些建议；

（8）养几盆花草，悉心照料它们，当它们开出花儿的时候，你会很有成就感。

我们在生活中要学会自我调节，拿得起放得下。工作的时候认真地工

作，玩的时候就尽情地玩。想打扮就打扮，想吃就吃，想睡就睡，随心所欲吧。人生在世难得几回醉？我们要学会善待自己，学会享受生活。

借助色彩调节一下自己的心情

在五颜六色的大千世界中，我们每时每刻都在与各种颜色打交道，而这些缤纷的色彩本身就具有十分神奇的魔力，能够给人的感觉带来巨大影响，因为个体的差异，产生不同的效果。

小静是一个阳光、快乐的女孩，尽管经历了很多磨难，还是用自己坚强的性格迎接命运的挑战。她在19岁的时候，被确诊为食道癌，需要尽快安排手术。在手术前的那段时间，她依然过着规律的生活。她每天早上6点半起床，做做瑜伽舒缓一下身体。上午收拾房间，中午照常喝着午茶——那种加奶的红茶，傍晚插插花，欣赏欣赏黄昏美丽的夕阳，享受生活的美好。她说这些温暖的颜色让她感觉生命充满了生机，又有了面对疾病的勇气，她每天还会用画笔记录下这些缤纷的色彩。这样就连每天下午3点半的检查都变得没那么难受了。她会微笑面对给她检查的医生和护士，和他们分享趣事。尽管检查的时候，她感觉十分不舒服。

直到手术麻醉之前，她仍然对主治医师说："别忘了我们的约定，你要帮我做你的拿手好菜，不然我是不会给你我的花的，哼！"直叫医师哭笑不得。手术果然进行十分成功。两个月后的一天，朋友来家里探望她，她竟然马上忘记疼痛，要送朋友一件自己刚刚被医院允许做好的插花。等到出院时，她与医科室一半的人都交上了朋友，还有那些病友。因为人们

都被她的乐观坚强所感染和征服。

半年之后，小静再提及此事时，仍旧一脸愉快："我现在一直心情很好，想不想看看我的伤疤？愈合得不错，对吧！当时我脑海中就只有一个念头：我有两个选择：一是死，一是活。我不想死，我选择活。为了以后能快乐活下去，为了再看到那些多彩的燕儿，我也要坚强地活下去，我要让医师放松下来，以稳健的心情给我做手术。我相信，我们会配合好，手术也会顺利，尽管成功率只有50%。显然，我很幸运！"。

颜色心理学的研究成果表明，家庭、学习、工作环境以及人们服装的颜色，都给人的心理以一定的影响。不同的颜色引起人们不同的感觉和情绪。红色使人情绪兴奋与亢扬；黄色使人兴高采烈，充满喜悦；绿色使人情绪安定、镇静；蓝色使人心胸开阔；青色给人以肃穆、幽静之感；紫色使人产生压抑之感；玫瑰色可以使消沉、压抑的情绪振奋起来；粉红色可以使人急躁的情绪镇静下来；白色使人感到明快……总之暖色，即红、橙、黄色给人以兴奋、热烈、辉煌的感觉；冷色，指青、绿、蓝给人娴雅、清静的感觉。重色给人以"窄小"的感觉；浅色给人以宽大的感觉。不同的颜色不仅带给人不同的感觉和活动能力，而且这种活动能力还随光的波长和强度的增大而增加。因此，颜色心理学家认为，人们完全可以用颜色环境来增进自己的身心健康。

1.颜色的暗示

无论生活给了我们什么挑战，我们都应该保持好心情，这时，不妨试试积极的自我暗示。在颜色的世界里，绿色就有这样的心理暗示作用。因此，周末的时候，可以和大自然来个约会，欣赏欣赏美好风景，远离繁忙的工作，舒缓自己身心的疲惫。如果实在没有时间，你也可以多看看窗外

的绿色植物，让自己的心重归宁静。

2.光线的亮与暗

光线的照射对心情也有很大影响。如在室内，同一环境，对于不同的心态，可以通过调光开关完成。想放松精神，休息一下，可以选择比较舒适且适合休息的光线，想要工作的话，一定要选择比较强的光线，不要让自己昏昏欲睡。通过调节光线的亮与暗，也来调节一下自己的情绪。

3.活力配色调节心情

当然，还可以通过改变室内主色调的两种配色元素的比例来调节心情。如当房间的主色调是紫色的时候，因为紫色是由火热的红色和冷静的蓝色混合成的。所以，如果想使房间看起来冷静一些，可以适当地添加一些蓝色的元素，比如蓝色的壁纸或者是蓝色的窗帘等。同样地，可以通过在房间里摆设红色的装饰品来使房间看起来更加具有活力和动感。比如，一束娇艳欲滴的红玫瑰、一块红色的坐垫等。

色彩与心理健康有很大的联系，能够给我们带去心灵的慰藉。衣食住行、工作、学习等都受到色彩的影响，色彩也能影响我们的情绪，不妨试试借助色彩调节一下自己的心情。

养花养草陶冶情操、改善心情

老舍先生说："有喜有忧，有笑有泪，有花有实，有香有色，既须劳动，又长见识，这就是养花的乐趣。"花草可以开颜，花之形态，当我们心情苦闷之际，或漫步公园花丛，或看看盆景盆栽，看到那如鸟似蝶、

如钟似管、如杯似盏、形态各异、五彩缤纷的花朵时，往往会精神一振，烦恼都消失不见了，心情也好起来。而且花香馥郁，观之闻之似能解人苦乐，能安抚人们烦闷的情绪。

果果是大家的开心果，几乎每天都是十分开心的，如果你了解她的生活，就会知道她的心情为什么总是这样好了。

因为她总是在家里摆弄那些花花草草，果果总是说："这是生活，这是情趣。"她最大的爱好就是摆弄花花草草，她很喜欢将那些树枝弄成奇怪的形状，如各种小动物。每每有朋友拜访，她就带着他们去参观自己的植物园，一边骄傲地介绍："这是紫荆花，这是茶花，这可是我嫁接的，然后从小将它们固定成一定的形状，它们长大之后就是这个形状……"看来，果果不仅种出了兴趣，还种出了"心得"。

有时候和别人发生矛盾，果果也不生气，只是笑呵呵地去看自己的花花草草。实在无聊的时候，她就跟家里的小猫小狗说话，嘴里直嚷着："猫咪，别懒了，你看太阳都照到屁股了，还在睡觉，快去看看屋里藏着老鼠没，快去，抓到了老鼠，晚上有红烧肉作为奖励。"也不知道小猫是听懂了，还是没明白她的意思，竟然真的撑腰起来，到屋里活动去了。

果果是幸福快乐的，因为她只生活在自己的世界里，在那个世界里，即使有了烦恼，也有娇艳的花儿、青翠的树木陪伴，所以，果果才会那么一直很高兴地活着。养养花花草草能陶冶人的情操，改善我们的心情，但是养花花草草也大有讲究。

1.注意花花草草的色彩与香气

养花草还能让大脑保持兴奋。经常养花赏花，可使大脑处于舒展、活跃、兴奋状态。色彩各不相同、香气各异的花花草草有不同的效果。白、

青、蓝色使人有舒适、清爽之感，黄、橙、红色给人热烈、愉悦、温暖的感觉。郁金香的香气沁人心脾，茉莉花的花香使人神经松弛、神志安宁等，可以根据自己的情况，选择适合自己的花草。

2.摆放花草的学问

室内的花草摆放应注意：植物的光合和呼吸作用，当有阳光时，植物进行光合作用，吐出氧气；进行呼吸作用时，消耗氧气。若在阳光照射很少的房间，花草过多，会过多消耗氧气，增加二氧化碳含量，从而影响人的健康。所以，室内摆放的花草不宜过多。但是，在阳光充足的室内，白天放进几盆花草是有益的。

可根据自己的具体情况，选择适合自己的花草。月季能吸收氟化氢、苯、硫化氢、乙苯酚、乙醚等气体；像文竹、秋海棠等花卉，除夜间吸收二氧化碳等有毒气体外，在弱光照射下，还能释放出灭菌气体，因此在室内摆此类花草可提高人的抗病能力。

3.针对特殊人群选择花草

在花草的选择上，还应注意房间内的特殊人群，依据各类人群的生理特点以及健康状况选择适合的花草。

如室内有孕妇，在花草的选择上特别注意孕妇的身体健康，还应注意胎儿的安全。家里的孩子也是重点保护对象，若要在房间里摆放花草，应注意不要让他们的神经系统及内分泌系统遭受有毒气体的伤害，也不要花草伤害他们柔嫩的皮肤。老年人及生病的人的身体都较为虚弱，所以在选用花卉时更需要多加留意，避免给其身体带来损伤或危害。

花花草草是大自然的美的使者。它们五彩缤纷，千姿百态，给人美的享受。打理花花草草本身就是一个修身养性的过程，能看见那一簇簇充满

生机的绿，你的心情也就舒畅了，它还能让我们重新找到快乐。

心情不佳时，让好气味帮你修复心情

我们的生活中处处充满着气味，您想了解这些气味与情绪之间的关系吗？研究表明，气味对人情绪的影响远远超出人们的想象。

据俄罗斯《观点报》日前报道，研究人员发现，如果一个人毫不隐晦地说对方身上的味道令自己难以忍受，那么，或许真的是对方体味在作祟。

另外，据美国西北大学的研究人员所说，两个人初次见面时，双方的嗅觉都会比平时更加灵敏，他们会在无意识中捕捉和分析来自对方的最轻微的味道，这在很大程度上左右着第一印象。

科研人员认为：气味对情绪与记忆等的影响，是因为处理气味的嗅觉中枢与大脑的情绪和记忆区有密切联系。它们通过神经传到嗅觉中枢，从而影响嗅觉和大脑的情绪记忆区，产生情绪和记忆的变化。

的确，除了食物可以改变人的心情外，气味也可以改变一个人的心情。因此，我们在心情不佳时，不妨让自己置身于香味布置的"迷魂阵"中：

玫瑰香：在恋爱中选用，能增加心情的喜悦。

水仙与莲花的幽香：令人产生脉脉温情。

紫罗兰和玫瑰香气：给人以爽朗、愉快的感觉。

苹果气味：可以缓解人的狂躁心情。

海水气味：容易引起人们对童年的回忆，对焦虑情绪有缓解作用。

玫瑰、茉莉、辣椒气味：有兴奋作用。

柠檬和由加利树香味：能让人提高警觉，使你不会打瞌睡(如看电视时)，放在客厅较宜。

菊花香味：能为你解除一天的疲劳，适宜用在浴室和洗手间。

白芷花香味：能刺激你做家务做得更快。宜用于厨房。

薰衣草：最适宜放一束在床边，它亦可用来做枕头，令你睡得更安稳。

橄榄花香气：提神，让人对生命产生热爱。

天竺葵的香气：使人镇静。

牡丹、茉莉花香：促使人们产生轻松美好的回忆。

桂花香气：消除疲劳。

薄荷香：使人思维清晰，乐于活动。

檀香：能治疗抑郁症，起到镇静作用，使人心安神宁。

生活中，我们的周围充满着各种各样的气味，但每个人都有自己喜欢的味道，无论它是实际意义上的还是意念上的，它都能对人的情绪产生一些积极的影响，有的可以使人缓解压力，有的可以使人平衡情绪，有的可以减轻悲伤。

做做家务，也是放松心情的好方式

家务也是我们生活的一部分，很多人一提到家务就满脸愁容，每天为

谁做家务而争论不休，觉得工作很忙，根本没时间做家务琐事，害怕油烟会让皮肤变得不好。其实，你完全可以换一种思维，在繁忙的家务中找到乐趣，让家务不再成为负担，学会享受做家务的快乐。让家务变得快乐易做，增添生活的趣味。

彤彤和文博刚结婚不久，就爆发了他们结婚后的第一次争吵，这都是源于谁做家务的问题。文博结束一天的工作很晚才到家，看到彤彤早已经回来了，但是家里乱七八糟，前几天出差带回来的行李都还没有整理，饭也还没有做，地上还有还没来得及扔的垃圾，他就十分气愤，两个人大吵起来。

晚上，彤彤给妈妈打电话诉说自己的委屈，自己工作也很忙的，好不容易有一天早下班，享受享受都不可以了，她的妈妈告诉她，其实，家务也不是那么难的，你们两个可以分工合作，把它当作一次有趣的游戏，你会发现家务也不单单是枯燥的。

星期天，彤彤和文博准备大干一场，两个人一起拖地、擦桌子、晾晒被子，该清洗的清洗，该重新摆放的重新摆放。干完后再看房内，简直焕然一新，窗明几净，叫人好为惬意，心中的快乐油然而生。在整理东西的过程中，他们还发现了自己之前找不到的小礼物，简直是一份惊喜。尤其是充分活动了四肢，肠胃得到活动，晚饭也比平时吃得更香了，神清气爽，做家务成了一种享受。

后来，他们两个人也都慢慢地喜欢上了做家务，每天谁先下班回到家，抢在吃饭之前，或洗衣，或搞卫生，或修家电，或整门窗……完成一件事后，心里感到轻松，满足感油然而生，乱糟糟的头脑变清晰了，疲乏的身体变精神了。

彤彤觉得最好的享受就是，每天清晨起来，边听音乐边干家务。凉爽的风从窗户吹进来，屋内的空气都是香甜的，自己头脑清醒，精力充沛，行动迅速，再加上优美的音乐，她好像成了一个艺术家，如跳舞、做操、打拳、耍剑，既轻松，效率又高。

当然，干家务的乐趣与享受关键还在于对家务活的安排与品味。干完活后进行欣赏和品味，这才体会到干家务不是一种负担，而是一种创造，一种宣泄，一种生活的调节剂，一种平凡人生的享受。

那么，如何让做家务轻松愉悦呢？

1.听音乐

将音乐与家务相结合，选择适合家务活动的音乐，将自己带入音乐的意境，如追求速度的家务活动可以选择迪斯科、进行曲等音乐；需要细致、慢节奏的做家务时，可以选择舒缓、轻柔的音乐，两者相得益彰，使人倍感享受，不知不觉家务也就完成了。

2.将家务当成一种兴趣

不是把家务单纯地作为家务来考虑，而要将它作为一种兴趣来对待。如何做才会令扫除变得更加快乐，如何做才会喜欢上家务。把自己不擅长、感觉麻烦的事情转变为喜欢做的事情，关键在于要改变你对家务的态度，发现做家务的趣味，体味它带给我们的感动，然后爱上做家务。

3.将做家务当成一种放松方式

工作和生活的压力，常常使我们感到心情压抑，回到家的时候，真的感觉到了疲惫，而我们只能慢慢去寻找缓解压力的方法。做家务就是一种不错的放松方式，全身心地投入到洗碗拖地等家务中去，让自己忙碌的同时，大脑得到放松，有助于缓解烦躁情绪，使心情舒畅，还可以起到锻炼

的作用。

当完成一件家务，也会给自己带来小小的成就感。看着干净明亮的房间、整整齐齐的衣服、擦干净的地板……这些小小的成果，可以带给你更多的勇气去面对每天的挑战。

只要生存，我们就离不开家务。与其愁容满面也改变不了家务的存在，不如改变心态，转换一种心情，让做家务成为自己放松心情的方式，成为一种享受。这样，一切家务事都变成了一件很轻松的事情。

第 14 章

我的心情我做主——用微笑回击坏情绪

拥有怎样的心情，就拥有怎样的人生

生活如同在海上航行，并不总是一帆风顺的。很多时候，我们难以回避那些使人不愉快的事情，它们就像是生活的刺，硬生生地扎在我们的心里，使我们感到坐立不安，如同热锅上的蚂蚁一样焦灼。我们希望生活十全十美，希望能够回避这些烦恼，然而我们总是做不到。微笑，是一种非常愉快美好的表情，当我们的脸上挂着微笑，我们的心里也就挂着微笑。然而，始终面带微笑地面对人生和生活，并非人人都能做到。归根结底，人生不如意十之八九，人生路上既有平顺，也有艰难坎坷。遭遇失败的人们总是沮丧绝望，完全忘记了微笑的模样。尤其是当怒火中烧时，他们甚至歇斯底里，完全丧失理智，更别说微笑了。

我们羡慕很多成功者，觉得他们能够登上人生的巅峰，一定是有过人之处。其实，大多数成功者之所以能够成功，并非因为他们有过人的能力或者胆识，主要是因为他们面对失败和生活的态度。他们对待生活始终非常坚强乐观，因而他们的生活非常美好，他们的人生也变得更加从容不迫。

实际上，生活的状态很大程度上取决于我们的心态。我们的人生没有

失败，正如海明威笔下的桑迪亚哥老人所说的，一个人尽可以被打倒，就是不会被打败。所以，只要我们保持积极乐观的心，我们的生活就会变得更加美好。记住，我们的心就是我们的世界，我们的心美好，我们的人生和世界都会变得美好。

日本有个大名鼎鼎的邮差，叫清水龟之助。他二十年如一日，始终乐观从事邮差的工作，不但辛苦，而且薪水很低。但是他始终保持积极乐观的心态，给每一个人送信的时候，都保持着微笑，带给人们来自他心底的快乐。

清水龟之助很小的时候曾经跟随母亲一起去寺庙上香。当时，方丈正在用清水洗桃子。桃子非常新鲜，清水龟之助眼巴巴地看着桃子，方丈洗好之后，当即拿了一个很大的桃子给他。妈妈不让他拿，对方丈说："师父，您把桃子给了他，您就少了一个桃子。"方丈笑着说："我虽然少了一个桃子，但是世界上却多了一份吃桃子的快乐。"说完这句话，方丈就把桃子给了清水龟之助。从此之后，清水龟之助知道了，快乐是可以传递的。长大之后，清水龟之助虽然成为了一名默默无闻的邮差，每天都要骑着自行车在大街小巷送邮件和信件，但是他始终心怀快乐，不以工作为苦，而是快乐开心，面带笑容。因此，清水龟之助才能获得日本的终身成就奖。在他之前，只有对社会有特殊贡献的精英人物，才能获得如此至高无上的荣誉。在了解他的事迹之后，人们纷纷为他竖起了大拇指，认为他得到终身成就奖完全是实至名归。

一个人是否快乐，是否拥有美好幸福的人生，不在于这个人是否有权有势有钱，而在于他的内心是否美好。当我们内心美好，当我们不管对于自己还是他人都面带微笑，我们就能怀着轻松的心态面对生活，也能够

让自己的心中微笑绽放，还能给身边带来幸福快乐。对自己微笑，是一种积极的心理暗示，能够帮助我们变得轻松愉悦，充满信心；对他人微笑，是一种友好，也是人际关系的润滑剂，能够让我们与他人之间关系和谐融洽，更加美好。

所以朋友们，就让我们心怀美好吧。任何时候，赠人玫瑰，手有余香。我们的心美好了，我们的人生也会变得更加幸福美好。因而，我们一定要始终面带微笑，保持平心静气，从而让我们的生活鲜花遍野，越来越美好。

很多客观存在的人和事都是我们无法改变的，但是我们却能够改变自己的心情，从而让自己看到的一切都是美好的。拥有怎样的人生，归根结底取决于我们的心态。只有拥有好的心态，我们才能积极乐观，也才能拥有幸福快乐。任何时候，我们都要面带微笑，对自己微笑，也对他人微笑，我们才能生活在和谐融洽的人际关系中。

拥有好脾气，得到好福气

人群熙熙攘攘，其中既有好脾气的人，也有坏脾气的人。现代社会，生活节奏快，工作压力大，很多心理扭曲变态的人突然做出冲动之举，轻则伤害自己，重则扰乱社会治安。很多开车的人都发现，路怒症患者越来越多，这也是因为情绪长期压抑和积压的结果。大多数坏脾气的人，心中总是有一股无名邪火，哪怕只是遇到一些微不足道的小事，他们的情绪也会瞬间爆发，使身边的人感到莫名其妙。

　　然而，现代社会人际关系至关重要，人与人相处，唯有给予他人足够的尊重和认可，我们才能真正赢得他人的尊重和认可。否则，一旦我们对人怒目以视，或者缺乏尊重，那么我们就会失去好人缘，导致人际关系越来越恶劣。如此一来，坏情绪使我们陷入恶性循环之中，越是情绪不好，越是容易触怒别人，也越是会招致他人的厌恶和憎恨。所以说，我们唯有控制好自身的情绪，拥有好脾气，才会得到好福气。

　　曾经，小叶是个很内向的女孩，脾气也很好，但是后来结婚成家之后，随着生活压力越来越大，再加上小叶的老公是个好好先生，渐渐地，小叶的脾气越来越坏，情绪也如同过山车一样，使人很难接受。

　　前段时间，小叶因为与单位领导发生争执，产生了小小的不愉快，一气之下以骨裂为由，请了两个月的假。她专门在家带孩子，但却因为缺乏耐心，对于孩子总是横眉竖眼的。一个周末，孩子想去看电影，小叶没有抢购到低价票，因而当孩子提出要去公园滑轮滑时，她气鼓鼓地答应了。到了公园，不到十分钟，孩子就不小心摔倒，导致右腿严重粉碎性骨折。对此，小叶悔不当初，不知道自己为何心中总是充满怨气，甚至对孩子也完全没有耐心。虽然老公嘴巴上没有责怪小叶，却委婉地对小叶说："既然你工作不愉快，那就辞职吧。不然的话，你总是不高兴，导致家庭生活也受到影响。你看看，自从你去上班，咱们家出了多少事情啊，一点儿都不太平。"小叶看到孩子伤得那么严重，也特别懊悔，因而主动辞掉工作，在家中平复心情。

　　生活和工作中，人们经常因为各种各样的事情导致心绪不平，殊不知，坏情绪给我们带来的影响是非常严重的。通常情况下，坏脾气的人与人三言两语不和，就会发生激烈的争吵和争执。哪怕对于亲密无间的人，

他们也因为缺乏耐心，导致人际关系越来越恶劣。在这种情况下，有人因为坏脾气失去爱人，破坏家庭，有人因为坏脾气失去好不容易得到的工作和好机会，还有人因为坏脾气伤害他人，走上不归路。由此可见，坏脾气除了给生活带来灾难和晦气之外，对于生活没有任何好处。而且，当我们心中充满怨气和戾气，我们就很难得到好脾气的眷顾。

人生是漫长的，也是短暂的。要想拥有幸福美好的人生，我们首先就要调整自身的情绪，从而拥有好脾气。一个好情绪、好脾气的人，不但拥有好人缘，而且还能够建立良好的人际关系，拥有丰富的人脉资源。现代社会，人际关系被提升到更高的高度，一个人要想获得成功，没有人际关系的支持是不可能的。所以我们理应调整心态，控制情绪，表现出好脾气。

那具体应该怎么做呢？

1.每天清晨起床，远离起床气，对着镜子里的自己微笑，这样你的心也会微笑起来。

2.如果缺乏自信，不妨每天都对自己进行积极的心理暗示，告诉自己"你是最棒的""你是最优秀的"，这样一来，你会发现你越来越充满自信，也能够坦然面对命运赐予的一切艰难坎坷。

3.努力控制自己的情绪，不要让脾气如同脱缰野马那样暴躁不安，这样你的心情才能越来越开朗，你的人生也会充满好福气。

你选择快乐，快乐自然就会选择你

什么是快乐呢？字典上对快乐下的定义多半是：觉得满足与幸福。德

国哲学家康德则认为："快乐是我们的需求得到了满足。"的确，快乐是一种美好的状况，也就是没有不好或痛苦的事情存在，你觉得个人及周围的世界都挺不错。然而，与快乐相伴相生的，还有痛苦。快乐与痛苦，是生活中永恒的旋律，谁也不敢保证自己时时刻刻都是幸福和快乐的，我们应看重的不是几何痛苦，几何欢笑，而是心在痛苦和欢笑时的选择。你选择快乐，快乐自然就会选择你。

我们不难发现，那些懂得享受快乐、享受人生的人，都是忙碌的、有活力的、性格外向的人，而他们之所以快乐，是因为他们选择了快乐。可见，选择快乐让我们拥有好情绪，反过来，如果我们选择用一种抑郁的心情去体味人生，那么，我们的一生也就会充满折磨和煎熬。

那么，我们怎样才能获得快乐的情绪呢？

1.只跟自己比，不和别人攀

自打我们记事以来，可能就会被周围的人耳濡目染，开始对所谓的"成就""成功"有了一定的概念，在这种压力下，我们努力学习、努力找工作，并且，这种压力随着年龄的增长越来越强烈。而一旦自己落后于他人，我们就会变得自卑、伤心，甚至一蹶不振。

所以，要让自己获得快乐，就要重新审视自己，审视自己当初的标准是不是错了？如今有无进展？如果你真的已经尽了力，相信今天一定会比昨天好，明天比今天更好。

2.关心周围的人事物

假如你把目光转移到周围的人事物上，而不是只看到自己的话，那么，我们的眼界一定会开阔很多。那些以自我为中心的人，之所以永远得不到快乐，就是因为他们永远都不知道满足。

那么你应该关心什么？关心谁呢？睁开眼睛想一想，我们虽然平凡，至少可以帮忙学童上下学，为病人念念书，到老人院打打杂，甚至把四周环境打扫干净……只要付出一点点，你就会快乐。

快乐的心情拥有巨大的能量，能够令我们生机盎然，充满了创造力。我们每天都在面对各种各样的事情，选择以一颗积极的心对待，每件事都会变得美好生动，生活也会因此而精彩非凡。

将自己的快乐传播给他人

感染，词典中一解是"受到感染"，另一说是"通过语言或行为引起别人相同的思想感情"。生活中情绪的感染总会在经意和不经意中影响着人的生活。人生坎坷，不会总是一帆风顺，生活中有太多太多的不如意，不如意的事会或多或少地感染着每一个人，让人无法回避。坏情绪总是在有意无意中影响着他人的生活，那么，我们何不反过来想一下，当他人情绪不好的时候，我们是否也可以通过传达自己的好情绪的方法，让他人快乐起来呢？

的确，当我们遇到别人处于坏情绪时，我们需要做的不是与他动粗，"以暴制暴"，而是用健康的情绪去感染他，转移他的注意力，引导他产生愉快的心情。实验表明，人们在相互交流接触时，情绪会通过手势、语言、眼神等方式传递给他人。我们如果能安抚别人的情绪，将自己的快乐传播给他人，将是一件很有意义的事情。

那么，我们该如何把好情绪传播给他人呢？

1.先体谅他人的情绪

要感染他人，首先就要理解他人。比如，他人对你不友好，或许他原本无心，只是刚刚遇到了不顺心的事，当时正在气头上，而我们无意中做了他的"出气筒"。对这样的情形，我们不必往心里去，尽量宽容为怀，体谅他人。只有树立正确的态度，我们才可能有意愿去帮助他人摆脱负面情绪。

2.表达你的热情

我们不要指望冷漠的态度会起到感染他人的作用。热情与快乐是一对连体婴儿。对方在感受到你的热情时，自然也就对你敞开了心扉，也会逐渐接受你传达给他的情绪。

3.幽默

幽默是一种特殊的情绪表现，也是人们适应环境的工具。具有幽默感，可使人们对生活保持积极乐观的态度。许多看似烦恼的事物，用幽默的方法去应对，往往可以使人们不愉快的情绪荡然无存，立即变得轻松起来。

没有人真的喜欢当垃圾桶，也没有人会喜欢整日满脸阴霾的人。当今社会，每个人的压力都很大，我们又凭什么让别人被我们的不良情绪传染呢？换上一张微笑的脸，当我们用自己的快乐使周围的人也都开心起来时，我们自己的生活也会更加灿烂夺目。

参考文献

[1]宋晓东.情绪掌控，决定你的人生格局[M].成都：天地出版社，2018.

[2]曾杰.别让情绪失控害了你[M].苏州：古吴轩出版社，2016.